台科大圖書
since 1997

人人必學

電子商務實務與 ChatGPT 應用

E-Commerce Practices and ChatGPT Applications

含 MCT 國際認證：電子商務概論與應用（Specialist Level）

勁樺科技　編著

國際認證說明

為方便讀者取得 MCT 國際認證的詳細資訊,請前往艾葆國際認證中心(https://ipoetech.jyic.net)。

1. 進入首頁後,於左側選擇所屬《發證單位》。
2. 進入對應的國際認證介紹頁面,並點擊相關認證圖像,即可查看詳細說明,取得 MCT 國際認證的相關資訊。

PS:本書末附有 MCT 國際認證介紹及說明。

MCT 元宇宙與計算機綜合應用國際認證說明

本書為 MCT 國際認證:電子商務概論與應用(Specialist Level)指定用書,內容涵蓋電子商務基礎概念、應用案例及相關知識,並設計多元學習評量,幫助讀者加深理解與實踐能力。本書「學習評量」結合 MCT 國際認證:電子商務概論與應用(Specialist Level)題庫範圍,透過熟讀本書內容與習題,能有效提升應試能力,協助取得 MCT 國際認證。

版權聲明

本書所提及之各註冊商標,分屬各註冊公司所有,書中引述的圖片及網頁內容,純屬教學及介紹之用,著作權屬法定原著作權享有人所有,絕無侵權之意,在此特別聲明,並表達深深感謝。

序言

　　網路科技進步與線上交易平台流程的改善，讓網路購物越來越便利與順暢，更帶動電子商務的快速興起，電子商務帶來的創新，顯然已成為未來商業發展的主流。面對全球市場的消費習慣的改變，本書中將介紹電子商務關鍵知識，精彩篇幅包括：

- 電子商務與 Web 發展
- 電子商務經營模式與交易流程
- 電子付款與交易安全機制
- 企業電子化與知識管理
- 電商網站設計入門
- 網路與社群行銷實務
- 電子商務安全與法律相關議題
- 電子商務的發展與未來

　　為了幫助讀者認識電子商務的相關知識與應用，各章介紹的精彩主題包括：雲端運算、物聯網、跨境電商、行動商務、行動時代的 O2O 模式、大數據、電子商務經營模式、電子商務交易流程、付費模式、PayPal 付款、電子現金、行動支付、安全機制、企業流程再造（BPR）、企業資源規劃（ERP）、顧客關係管理（CRM）、企業電子化、知識管理、網站設計、響應式網頁（RWD）、UI/UX 設計、網站拍賣、網路行銷、關鍵字廣告、

病毒式行銷、搜尋引擎最佳化（SEO）、社群行銷、Instagram 行銷、YouTube 行銷、駭客攻擊、電腦病毒、資訊隱私權、創用 CC、資訊財產權等。

在此，特別說明本書的第 8 章「電子商務的發展與未來」，此主題包括行動商務與全通路、大數據與電子商務、人工智慧與電子商務，以及電子商務最強魔法師 -ChatGPT 等單元。在「行動商務與全通路」介紹行動商務的最新趨勢，如何融合線上線下體驗（O2O）與全通路策略在電子商務的應用。「大數據與電子商務」則闡述大數據如何改變電子商務行業，包括客戶行為分析、市場預測、個性化行銷策略等。「人工智慧與電子商務」主要探討 AI 在電子商務中的應用，如聊天機器人、個性化推薦系統、自動化客戶服務等。至於「電子商務最強魔法師 -ChatGPT」章節中則分析 ChatGPT 如何作為一種創新工具，改變客戶互動、提升商業智慧和操作效率。

筆者深切期盼本書可以幫助各位吸收最重要的電子商務知識與最新議題，相信它會是一本學習「電子商務與 ChatGPT 應用」的實用入門教材。

目錄

Chapter 01 電子商務與 Web 發展

1-1 認識網路經濟　　　　　　　　　5
1-2 電子商務的特性　　　　　　　　8
1-3 Web 技術、雲端運算與物聯網　　12

Chapter 02 電子商務經營模式與交易流程

2-1 電子商務經營模式　　　　　　　26
2-2 電子商務交易流程　　　　　　　35

Chapter 03 電子付款與交易安全機制

3-1 電子商務付費模式　　　　　　　44
3-2 行動支付　　　　　　　　　　　48
3-3 電子商務安全機制　　　　　　　50

Chapter 04 企業電子化與知識管理

4-1 認識企業電子化　　　　　　　　60
4-2 企業流程再造（BPR）　　　　　62
4-3 企業資源規劃（ERP）　　　　　63
4-4 供應鏈管理（SCM）　　　　　　66
4-5 顧客關係管理（CRM）　　　　　68
4-6 知識管理　　　　　　　　　　　71

Chapter 05　電商網站設計入門

5-1 網站設計流程　　　　　　　　78
5-2 認識架站相關技術　　　　　　84
5-3 UI/UX 設計的視角　　　　　　90

Chapter 06　網路與社群行銷實務

6-1 認識網路行銷　　　　　　　　96
6-2 傳統行銷的 4P 組合　　　　　 99
6-3 網路行銷的 4C 組合　　　　　102
6-4 熱門的網路行銷工具　　　　　105
6-5 社群行銷　　　　　　　　　　118
6-6 Facebook 行銷　　　　　　　　119
6-7 Instagram 行銷　　　　　　　 125
6-8 YouTube 行銷　　　　　　　　131

Chapter 07　電子商務安全與法律相關議題

7-1　網路安全與犯罪簡介　　　　　　　　　146
7-2　電子商務相關法律議題　　　　　　　　150

Chapter 08　電子商務的發展與未來

8-1　行動商務與全通路　　　　　　　　　　162
8-2　大數據與電子商務　　　　　　　　　　166
8-3　人工智慧與電子商務　　　　　　　　　170
8-4　電子商務最強魔法師 -ChatGPT　　　　174
8-5　ChatGPT 在電商領域的應用　　　　　　181

附錄　學習評量解答　　　　　　　　　　　　199

MCT 國際認證：電子商務概論與應用（Specialist Level）領域範疇

項次	領域範疇	能力指標	對應本書
1	電子商務與 Web 發展 E-Commerce and Web Development	● 認識網路經濟 ● 電子商務的特性 ● Web 技術、雲端運算與物聯網	Chapter 1 電子商務與 Web 發展
2	電子商務經營模式與交易流程 E-Commerce Business Models and Transaction Processes	● 電子商務經營模式 ● 電子商務交易流程	Chapter 2 電子商務經營模式與交易流程
3	電子付款與交易安全機制 Electronic Payments and Transaction Security Mechanisms	● 電子商務付費模式 ● 行動支付 ● 電子商務安全機制	Chapter 3 電子付款與交易安全機制
4	企業電子化與知識管理 Enterprise Digitalization and Knowledge Management	● 認識企業電子化 ● 企業流程再造（BPR） ● 企業資源規劃（ERP） ● 供應鏈管理（SCM） ● 顧客關係管理（CRM） ● 知識管理	Chapter 4 企業電子化與知識管理
5	電商網站設計入門 Introduction to E-Commerce Website Design	● 網站設計流程 ● 認識架站相關技術 ● UI/UX 設計的視角	Chapter 5 電商網站設計入門
6	網路與社群行銷實務 Practical Applications of Online and Social Media Marketing	● 認識網路行銷 ● 傳統行銷的 4P 組合 ● 網路行銷的 4C 組合 ● 熱門的網路行銷工具 ● 社群行銷 ● Facebook 行銷 ● Instagram 行銷 ● YouTube 行銷	Chapter 6 網路與社群行銷實務

項次	領域範疇	能力指標	對應本書
7	電子商務安全與法律相關議題 E-Commerce Security and Legal Issues	● 網路安全與犯罪簡介 ● 電子商務相關法律議題	Chapter 7 電子商務安全與法律相關議題
8	電子商務的發展與未來 The Future of E-Commerce Development	● 行動商務與全通路 ● 大數據與電子商務 ● 人工智慧與電子商務 ● 電子商務最強魔法師 -ChatGPT ● ChatGPT 在電商領域的應用	Chapter 8 電子商務的發展與未來

近年來由於網路科技進步與線上交易平台流程與安全性的改善,讓網路購物越來越便利與順暢,不但改變全球企業經營模式,也改變大眾的消費模式,以無國界、零時差的優勢,提供全年無休的電子商務(Electronic Commerce, EC)服務。2020年時網路電商更在新冠肺炎疫情的推波助瀾下,許多國家紛紛採取封城禁足措施,讓全球「無接觸經濟」崛起,雖然實體店業績受到疫情影響,嚴峻的疫情局勢更促使全球電子商務規模快速增長。

▲Amazon成為新冠疫情的最大受益者之一

Chapter 1

電子商務與 Web 發展

學習焦點

- 認識網路經濟
- 電子商務簡介
- 跨境電商
- 電子商務生態系統
- 電子商務的特性
- Web 技術
- 雲端運算
- 邊緣運算
- 物聯網
- 區塊鏈

Web 是什麼呢？就是常用的「全球資訊網」（World Wide Web，WWW），一般將 WWW 唸成「Triple W」、「W3」或「3W」，統稱為 Web。網際網路應用服務因為資訊科技的成熟而不斷推陳出新，其中由無數網站與客戶端瀏覽器建構而成的全球資訊網，更是呈現前所未有的爆炸性成長，時至今日，即將進入全新的 Web 3.0 時代。

● 蝦皮購物網是目前臺灣知名的購物網站

> **TIPS**
> 　　1995 年 10 月 2 日 3Com 公司的創始人，電腦網路先驅羅伯特·梅特卡夫（B. Metcalfe）於專欄上提出網路的價值是和使用者的平方成正比，稱為「梅特卡夫定律」（Metcalfe's Law），是一種網路技術發展規律，也就是使用者越多，其價值便大幅增加，產生大者恆大之現象，對原來的使用者而言，反而產生的效用會越大。

1-1 認識網路經濟

● 透過電商模式，小市民可在樂天市集上開店

二十一世紀的今天，網際網路的快速發展帶動了人類空前未有的網路經濟（Network Economic）與商業革命，所謂網路經濟，是一種分散式的經濟，帶來與傳統經濟方式完全不同的改變，最重要的優點就是可以去除傳統中間化，降低市場交易成本，對於整個經濟體系的市場結構也出現了劇烈變化，這種現象讓自由市場更有效率地靈活運作。由於傳統經濟時代，

● 電子商務加速網路經濟發展速度

價值來自產品的稀少珍貴性，對於網路經濟所帶來的網路效應而言，有一個很大的特性就是產品的價值取決於其總使用人數，也就是透過網路無遠弗屆的特性，一旦使用者數目跨過門檻，也就是越多人有這個產品，那麼它的價值自然越高。

> **TIPS**
> 摩爾定律（Moore's law）：是由英特爾（Intel）名譽董事長摩爾（Gordon Mores）於 1965 年所提出，表示電子計算相關設備不斷向前快速發展的定律，主要是指一個尺寸相同的 IC 晶片上，所容納的電晶體數量，因為製程技術的不斷提升與進步，造成電腦的普及運用，每隔約十八個月會加倍，執行運算的速度也會加倍，但製造成本卻不會改變。

1-1-1 電子商務的定義

電子商務（Electronic Commerce, EC）就是一種在網際網路上所進行的交易行為，等於「電子」加上「商務」，主要是將供應商、經銷商與零售商結合在一起，透過網際網路提供訂單、貨物及帳務的流動與管理。從廣義的角度來看，電子商務不僅只是以網站為主體的線上虛擬商店，而是只要透過電腦與網際網路來進行電子化交易與行銷的活動，都可以視為一種電子商務型態。從狹義的角度來看，電子商務是指在網際網路上所進行的交易行為，交易標的物可能是實體的商品，例如線上購物、書籍銷售，或是非實體的商品，例如：廣告、資訊販賣、遠距教學、網路銀行、人力銀行等。

● 104 人力銀行是一種成功的電子商務模式

> **TIPS**
>
> 擾亂定律（Law of Disruption）是由唐斯及梅振家所提出，結合「摩爾定律」與「梅特卡夫定律」的第二級效應，主要是指出社會、商業體制與架構以漸進的方式演進，但是科技卻以幾何級數發展，社會、商業體制都已不符合網路經濟時代的運作方式，遠遠落後於科技變化速度，當這兩者之間的鴻溝愈來愈擴大，使原來的科技、商業、社會、法律間的漸進式演化平衡被擾亂，因此產生所謂的失衡現象與鴻溝（Gap），就很可能產生革命性的創新與改變。

▶ 1-1-2 跨境電商簡介

隨著時代及環境變遷，貿易形態也變得越來越多元，跨境網路購物對全球消費者已經變得愈來愈稀鬆平常，跨境電商（Cross-Border Ecommerce）已經成為新世代的產業火車頭，例如中國大陸雙十一網購節熱門的跨境交易品項，阿里巴巴也發表「天貓出海」計畫，打著「一店賣全球」的口號，幫助商家以低成本、低門檻地從國內市場無縫拓展，目標將天貓生態模式逐步複製並推行至東南亞、乃至全球市場。

跨境電商是全新的一種國際電子商務貿易型態，也將成為整個電商行業的新藍海，也就是消費者和賣家在不同國別或關境地區間（實施同一海關法規和關稅制度境域）的買賣雙方進行的交易主體，透過電子商務平台完成交易、支付結算與國際物流送貨與完成交易的一種全球性商業活動。

● 聚豐全球貿聯網以跨境電子商務服務為主要業務

由於大陸多元品牌的快速崛起加上政策的支持，中國目前的跨境電商發展迅速，臺灣品牌的吸引力也在逐年下滑，因此本土業者應該快速了解全球跨境電商的保稅進口或直購進口模式，當這些中小企業面臨產業轉型時，跨境電商便成為重要管道，讓更多臺灣本土優質商品能以低廉簡便的方式行銷海外，面對新市場迎面而來的文化挑戰，甚至於在全球開創嶄新的產業生態。

▶ 1-1-3 電子商務生態系統

電子商務生態系統（E-commerce ecosystem）是指以電子商務為主體結合商業生態系統概念，包括各種電子商務生態系統的成員，例如產品交易平台業者、網路開店業者、網頁設計業者、網頁行銷業者、社群網站、網路客群、相關物流業者等單位透過跨領域的協同合作來完成，並且與系統中的各成員共創新的共享商務模式和協調與各成員的關係，進而強化相互依賴的生態關係，所形成的一種網路生態系統。

1-2 電子商務的特性

隨著亞馬遜書店、eBay、Yahoo! 奇摩拍賣等的快速興起，原來商品也可以在網路虛擬市場上販賣且經營績效如此卓越。就商業行為策略來說，對於一個成功的電子商務模式，與傳統產業相比而言，電子商務具備以下特性：

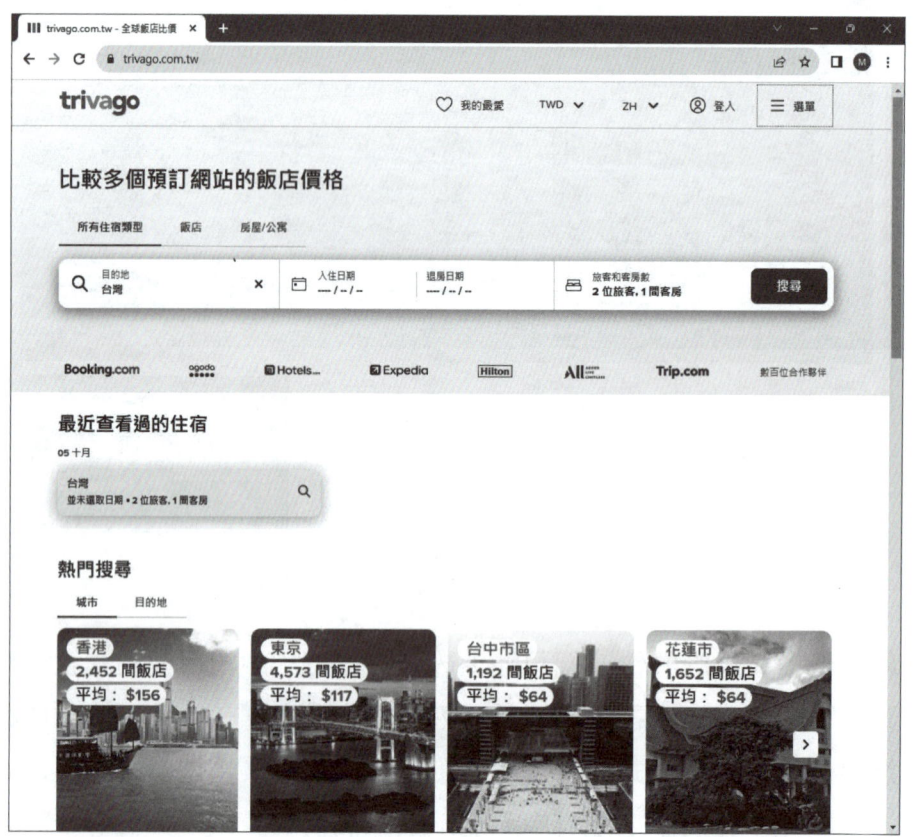

● Trivago 號稱提供優惠的全球旅館訂房服務

▶ 1-2-1 全球化的市場效應

● Gap 時尚網站透過網路成功在全球販售

　　網路商店的經營時間是全天候，透過網站的建構與運作，可以一年 365 天，全天後 24 小時全年無休的提供商品資訊與交易服務，也因為網路無遠弗屆，全球化競爭更加白熱化，消費者可以隨時隨地利用網際網路進行跨國界購物。電子商務幫助了原本只有當地市場規模的企業擴大到國際市場，小型公司也具有與大公司相互競爭的機會。

▶ 1-2-2 消費者的即時互動

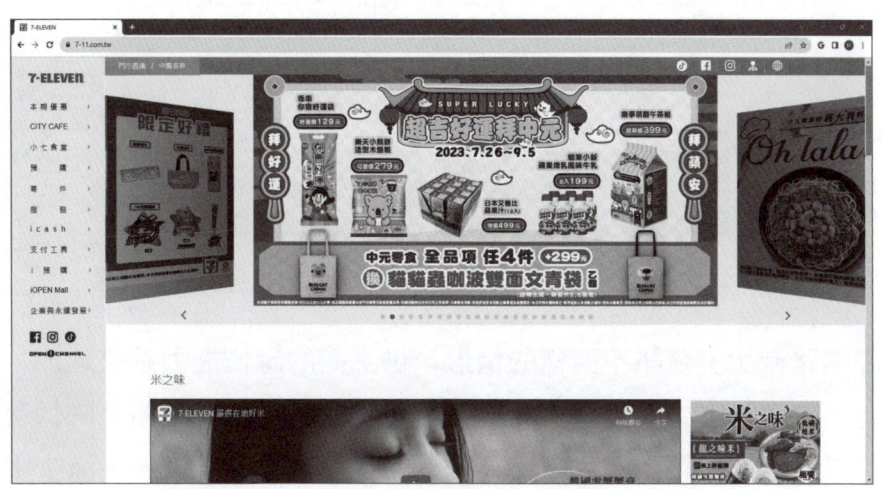

● 7-Eleven 透過線上購物平台成功與消費者互動

相較於傳統商務模式，網路最大的特色就是打破了空間與時間的藩籬，買賣雙方可以立即回應，有效提高行銷範圍與加速資訊的流通。店家可隨時依照買方的消費與瀏覽行為，即時調整或提供客製化（Customization）的資訊或產品，並且提供多種互動模式，包括線上搜尋、傳輸、付款、廣告行銷、電子信件交流及線上客服討論等。

● 客製化商品在網路上大受歡迎

在網際網路上，大家都是參與者，也是資源的消費者，更是資訊的生產者，網路的互動性讓消費者可依個人的喜好選擇各項行銷活動，讓顧客真實的反應呈現出來，還可延伸服務的觸角，以轉換為真正消費的動力。

▶ 1-2-3 低成本的競爭優勢

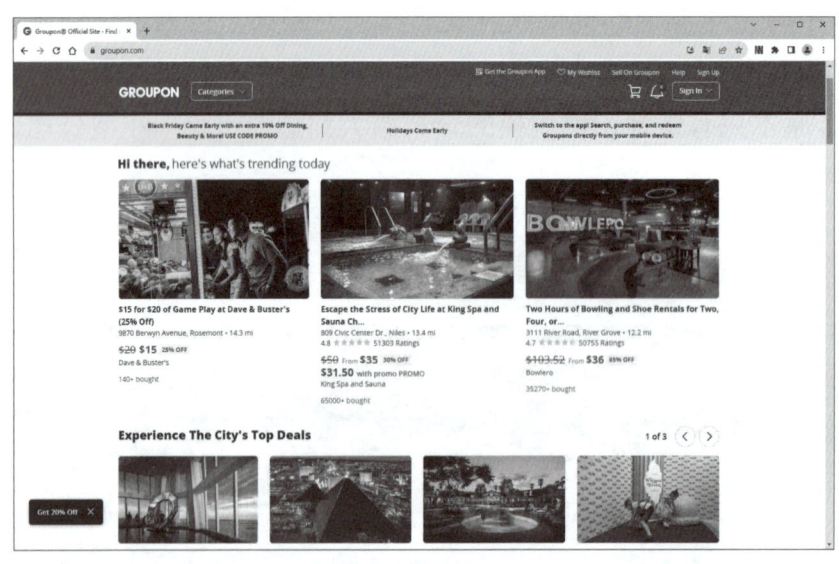
● 全球知名團購網站 Groupon，每天推出超殺的低價優惠

網際網路減少了資訊不對稱的情形，供應商的議價能力越來越弱，對業者而言，因為網際網路去中間化特質，網路可讓商品縮短行銷通路、降低營運成本，一方面可以在全球市場內尋找價格最優惠的供應商，另一方面，減少中間商與租金成本，進而節省大量開支和人員投入，以低成本創造高品牌能見度及知名度。

1-2-4 網路新興科技的輔助

在網路世界中客戶對購物的體驗旅程追求不斷改變，創新科技輔助是網路行銷的一項利器，提升資訊在市場交易上的重要性與績效，無論是寬頻網路傳輸、多媒體網頁展示、資料搜尋、超媒體（Hypermedia）技術、線上遊戲等等。例如「超媒體」是網頁呈現的新技術，是指將網路上不同的媒體文件或檔案，透過超連結（Hyperlink）方式連結在一起，相當適合以數位化的形式進行資訊的搜集、保存與分享。特別是由於串流媒體（Streaming Media）技術的大幅進步，因此，網際網路與網路科技的雙效結合也成了無可取代商業行銷的重要管道。

> **TIPS**
>
> 所謂串流媒體（Streaming Media）是近年來熱門的一種網路多媒體傳播方式，它是將影音檔案經過壓縮處理後，再利用網路上封包技術，將資料流不斷地傳送到網路伺服器，而用戶端程式則會將這些封包一一接收與重組，即時呈現在用戶端的電腦上，讓使用者可依照頻寬大小來選擇不同影音品質的播放。

在講究「客戶體驗」才是王道的今天，我們知道網路商店與實體商店最大差別就是無法提供產品觸摸與逛街的真實體驗，這時「虛擬實境」技術就具備顛覆電子商務的潛力。由於網路購物的風險是不能實際看到商品或是觸摸商品，阿里巴巴旗下著名的購物網站淘寶網，將發揮其平台優勢，全面啟動「Buy＋」計畫引領未來購物體驗，向世人展示利用虛擬實境技術改進消費體驗的構想，戴上連接感應器的 VR 眼鏡，例如開發虛擬商場或虛擬展廳來展示商品試用商品等，改變以往 2D 平面呈現方式，不僅革新了網路行銷的方式，讓消費者有真實身歷其境的感覺，大大提升虛擬通路的購物體驗。

● 「Buy+」計畫引領未來虛擬實境購物體驗

> **TIPS**
>
> 虛擬實境技術（Virtual Reality Modeling Language, VRML）是一種程式語法，主要是利用電腦模擬產生一個三度空間的虛擬世界，提供使用者關於視覺、聽覺、觸覺等感官的模擬，利用此種語法可在網頁上建造出一個 3D 立體模型與立體空間。VRML 最大特色在於其互動性與即時反應，可讓設計者或參觀者在電腦中就可以獲得相同的感受，如同身處在真實世界一般，並且可以與場景產生互動，360 度全方位地觀看設計成品。

1-3 Web 技術、雲端運算與物聯網

全球資訊網（World Wide Web，簡稱 Web 或 WWW）是一種建構在 Internet 的多媒體整合資訊系統，它利用超媒體資料擷取技術，透過一種超文件（Hypertext）上的表達方式，將整合在 WWW 上的網頁連接在一起，也就是說，只要透過 WWW 就可以連結全世界所有的資訊！

> **TIPS**
> 所謂「超連結」就是 WWW 上的連結技巧，透過已定義好的關鍵字與圖形，只要點取某個圖示或某段文字，就可以直接連結上相對應的文件。而「超文件」是指具有超連結功能的文件。

WWW 主要是以主從架構的模式運作，當各位執行客戶端網頁瀏覽器時，客戶端會聯繫網頁伺服器並要求所需的資料或資源。最後網頁伺服器會找出所需的資料並回傳給網路瀏覽器，也就是所看到的搜尋結果。

一般大眾可以使用家中的電腦（客戶端），透過瀏覽器來開啟某個購物網站的網頁，這時家中的電腦會向購物網站的伺服端提出顯示網頁內容的請求。一旦網站伺服器收到請求時，隨即會將網頁內容傳送給家中的電腦，並且經過瀏覽器的解譯後，再顯示成各位所看到的內容。

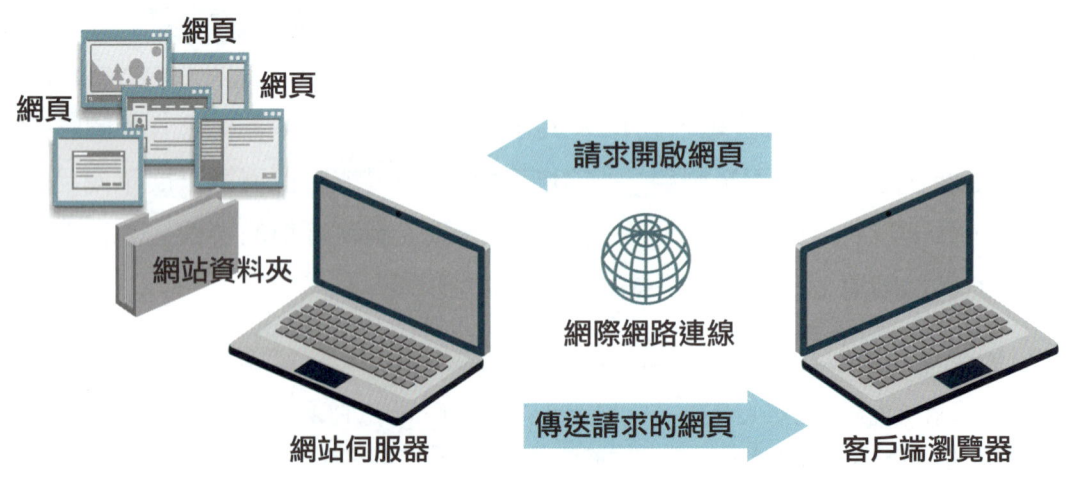

● WWW 運作模式圖

● momo 購物網

● ViVa 購物網

當各位打算連結到某一個網站時，首先必須知道此網站的「網址」，網址的正式名稱應為「全球資源定位器」（URL）。簡單的說，URL 就是 WWW 伺服主機的位址用來指出某一項資訊的所在位置及存取方式。嚴格一點來說，URL 就是在 WWW 上指明通訊協定及以位址來享用網路上各式各樣的服務功能。使用者只要在瀏覽器網址列上輸入正確的 URL，就可以取得需要的資料。

▶ 1-3-1 Web 發展史

隨著網際網路的快速興起，從最早期的 Web 1.0 到 Web 3.0 的時代。在 Web 1.0 時代，受限於網路頻寬及電腦配備，對於 Web 上網站內容，主要是由網路內容提供者所提供，特色是單向的方式進行訊息的流通，使用者只能單純下載、瀏覽與查詢，例如連上某個政府網站的公告與資料查詢，使用者只能被動接受，不能輸入或修改網站上的任何資料，單向傳遞訊息給閱聽大眾。

● 政府的網站是典型的 Web 1.0 模式

Web 2.0 時期寬頻及上網人口的普及，其主要精神在於鼓勵使用者的參與，讓使用者可以參與網站這個平台上內容的產生，如部落格、網頁相簿的編寫等，例如論壇、部落格、社群網站等平台，這個時期帶給傳統媒體的最大衝擊是打破長久以來由媒體主導資訊傳播的藩籬，使用者能共同參與、自由地上傳資訊。

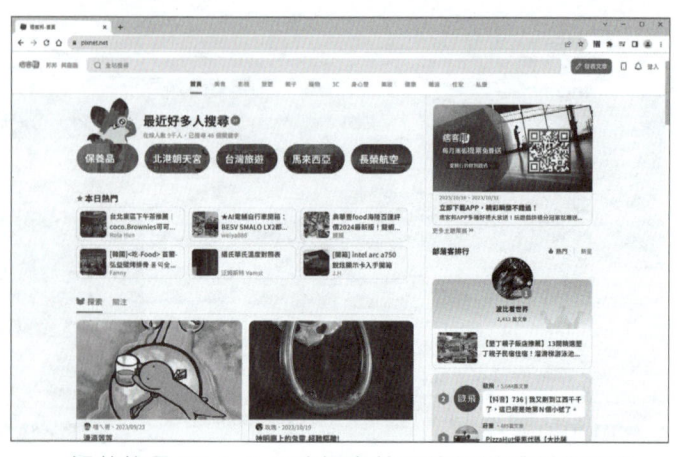
● 部落格是 Web 2.0 時相當熱門的新媒體創作平台

在網路及通訊科技迅速進展的情勢下，Web 3.0 跟 Web 2.0 的核心精神一樣，仍然不是技術的創新，而是思想的創新，還能夠輕鬆獲取感興趣的資訊內容，Web 3.0 時代內容是跨平台同步，加上行動裝置的崛起，隨時隨地都能與網路連結。Web 3.0 時代的網路服務能自動傳遞比單純瀏覽網頁更多的訊息，還能提供具有人工智慧功能的網路系統，所有網路訊息將會是無處不在的（ubiquitous），而且能針對簡單問題給出合理、完全答覆的系統。

▶ 1-3-2 雲端服務 - 雲端運算與邊緣運算

「雲端」其實就是泛指「網路」，因為通常工程師對於網路架構圖中的網路習慣用雲朵來代表不同的網路。「雲端服務」，簡單來說，其實就是「網路運算服務」，如果將這種概念進而延伸到利用網際網路的力量，透過雲端運算（Cloud Computing）將各種服務無縫式的銜接，讓使用者可以連接與取得由網路上多台遠端主機所提供的不同服務，就是「雲端服務」的基本概念。

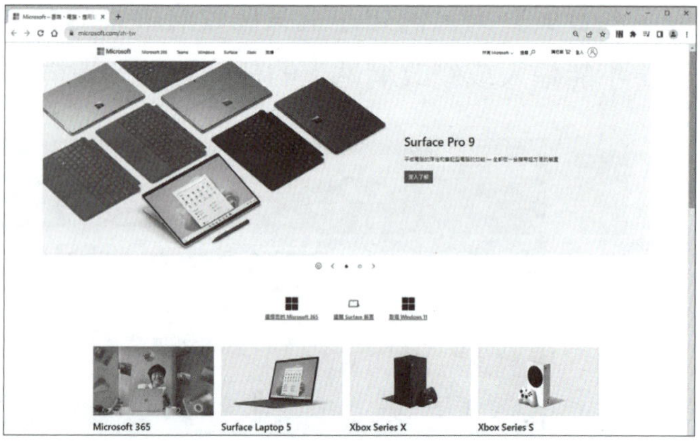

● 微軟在開發雲端運算應用上投入大量的資源

> **TIPS**
>
> 雲端運算（Cloud Computing）可以看成將運算能力提供出來作為一種服務，只要使用者能透過網路登入遠端伺服器進行操作，透過網路就能使用運算資源，就可以稱為雲端運算，雲端運算將虛擬化公用程式演進到軟體即時服務的夢想實現，也就是利用分散式運算的觀念，將終端設備的運算分散到網際網路上眾多的伺服器來幫忙，讓網路變成一個超大型電腦，未來每個人面前的電腦，都將會簡化成一台最陽春的終端機，只要具備上網連線功能即可。

隨著個人行動裝置正以驚人的成長率席捲全球，成為人們使用科技的主要工具，不受時空限制，就能即時能把聲音、影像等多媒體資料直接傳送到行動裝置上，也讓雲端服務的真正應用達到了最高峰階段。各位也許不需要去了解雲端服務背後的複雜原理，但一定要用它的工具改善我們日常生活的工作型態。

雲端服務包括許多人經常使用 Flickr、Google 等網路相簿來放照片，或者使用雲端音樂讓筆電、手機、平板來隨時點播音樂，打造自己的雲端音樂台；甚至於透過免費雲端影像處理服務，就可以輕鬆編輯相片或者做些簡單的影像處理。

● Pixlr 是一套免費好用的雲端影像編輯軟體

> **TIPS**
>
> 邊緣運算（Edge Computing）屬於一種分散式運算架構，可讓企業應用程式更接近本端邊緣伺服器等資料，資料不需要直接上傳到雲端，而是盡可能靠近資料來源，以減少延遲和頻寬使用，目的是減少集中遠端位置雲中執行的運算量，從而最大限度地減少異地用戶端和伺服器之間必須發生的通訊量。許多分秒必爭的運算作業更需要進行邊緣運算，像是自動駕駛車、醫療影像設備、擴增實境、虛擬實境、無人機、行動裝置、智慧零售等應用項目。

圖片來源：https://www.technice.com.tw/uncategorized/32378/

● 無人機需要即時影像分析，邊緣運算可以加快處理速度

▶ 1-3-3 物聯網簡介

近幾年隨著全球各大廠的積極投入，世界各地的物聯網應用已經愈來愈多，不僅觸及各領域，在物聯網時代又重新定義產業領域，也有許多深化的應用。台積電董事長張忠謀於 2014 年時出席臺灣半導體產業協會年會（TSIA），明確指出：「下一個 big thing 為物聯網，將是未來五到十年內，成長最快速的產業，要好好掌握住機會。」

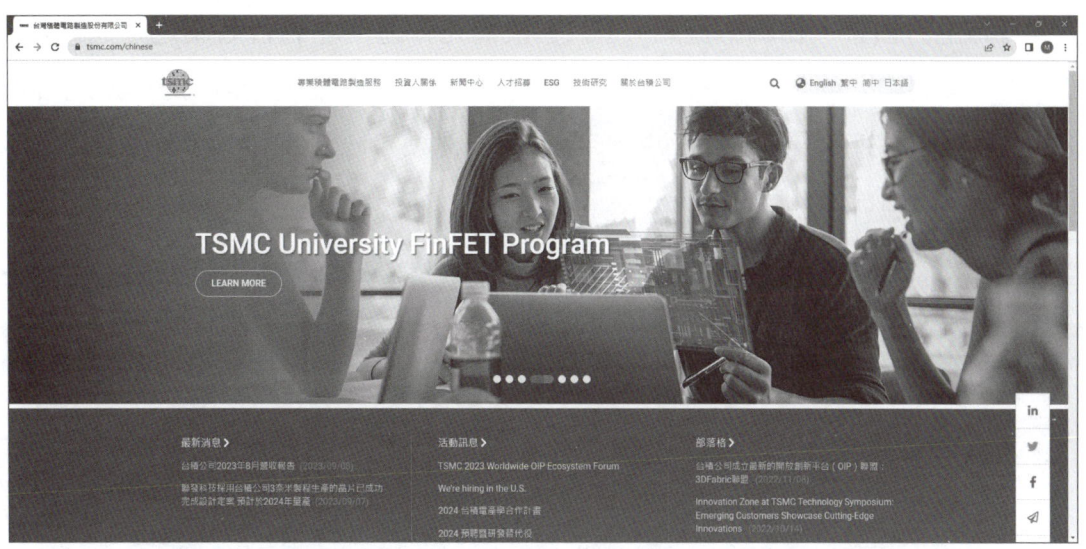

●臺灣具有競爭力的台積電公司把物聯網視為未來發展重心

由於網際網路的力量已經顛覆零售、行銷商業、金融、旅遊與交通等各個行業，物聯網（Internet of Things, IOT）是近年資訊產業中一個非常熱門的議題，被認為是網際網路興起後足以改變世界的第三次資訊新浪潮，它的特性是將各種具裝置感測設備的物品，例如 RFID、環境感測器、全球定位系統（GPS）、雷射掃描器等裝置與網際網路結合起來而形成的一個巨大網路系統，並透過網路技術讓各種實體物件、自動化裝置彼此溝通和交換資訊，也就是透過網路把所有東西都連結在一起。

> **TIPS**
>
> 「無線射頻辨識技術」（Radio Frequency IDentification, RFID）是一種自動無線識別數據獲取技術，可以利用射頻訊號以無線方式傳送及接收數據資料，例如在所出售的衣物貼上晶片標籤，透過 RFID 的辨識，可以進行衣服的管理，例如全球最大的連鎖通路商 Wal-Mart 要求上游供應商在貨品的包裝上裝置 RFID 標籤，以便隨時追蹤貨品在供應鏈上的即時資訊。

物聯網這項新興的技術不是單單在討論一項科技，而是在談論怎麼改變人類的生活方式。在這個全球化的網路基礎建設，透過資料擷取以及通訊能力，連結實體物件與虛擬數據，物品能夠彼此直接進行交流，無需任何人為操控，進行各類控制、偵測、識別及服務，提供了智慧化遠程控制的識別與管理。數位匯流加

物聯網的生活願景，物聯網把新一代 IT 技術充分運用在各行各業之中，牽涉到的軟體、硬體之間的整合層面十分廣泛，不少廠商紛紛推出針對物聯網的產品或服務，可以包括如醫療照護、公共安全、環境保護、政府工作、平安家居、空氣汙染監測、土石流監測等領域。

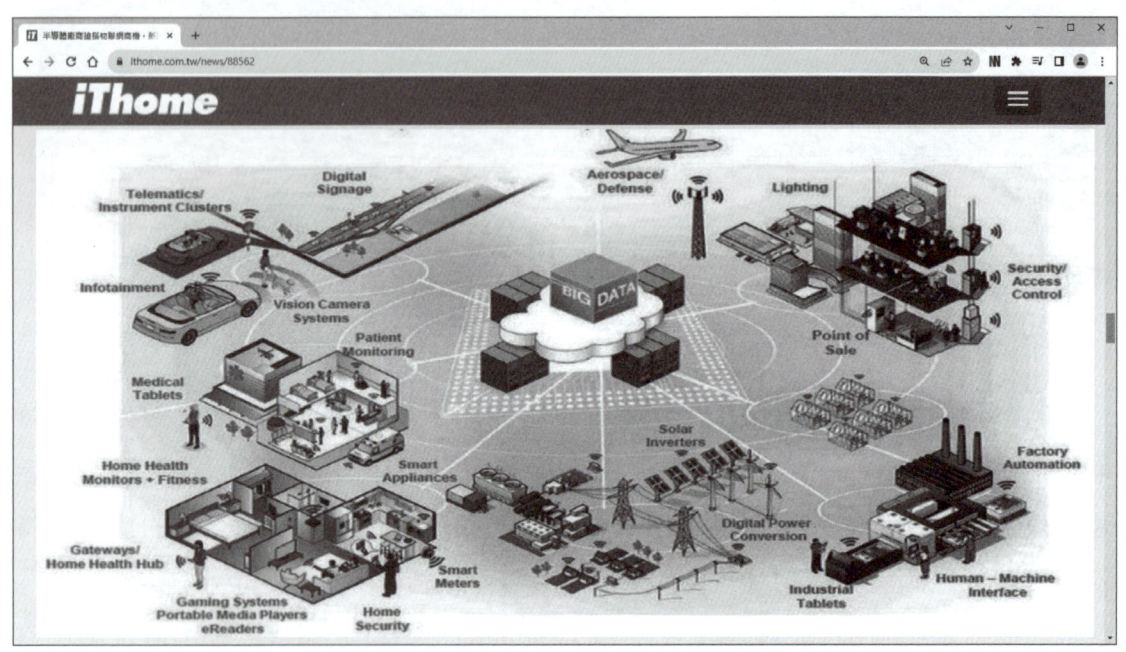

圖片來源：www.ithome.com.tw/news/88562

● 物聯網系統的應用概念圖

▶ 1-3-4 比特幣與區塊鏈

區塊鏈（blockchain）可以把它理解成是一個全民皆可參與的去中心化分散式資料庫與電子記帳本，也將一連串的紀錄利用分散式帳本（Distributed Ledger）概念與去中心化的數位帳本來設計，能讓所有參與者的電腦一起記帳，可在商業網路中促進記錄交易與追蹤資產的程序。這個交易系統上有兩種人，一種是交易者，一種是的礦工，礦工不需要實際動手

計算，都是藉由電腦在進行運算操作 - 挖礦（Mining）。簡單來說，區塊鏈主要特徵有四種：去中心化、加密、透明流程與不可竄改的特性。

區塊鏈（Blockchain）技術自 2009 年問世以來，最知名的應用即是比特幣（Bitcoin），比特幣是區塊鏈的第一個應用。比特幣是一種全球通用加密電子貨幣，透過特定演算法大量計算產生的一種虛擬貨幣，透過區塊鏈（Blockchain）技術，用分散式帳本跳過中介銀行，由多個加密的區塊鏈連接，其中每個區塊都含有最近的所有交易及該區塊交易前的紀錄列表，讓所有參與者的電腦一起記帳與確認，和傳統貨幣最大的不同是，比特幣執行機制不依賴中央銀行、政府、企業的支援或信用擔保，而是依賴對等網路中種子檔案達成的網路協定，持有人可以匿名在這個網路上進行轉帳和其他交易。近年來隨國際著名集團或商店陸續宣布接受比特幣為支付工具後，比特幣目前市價不斷創新高，目前已經有許多國家開始接受比特幣交易。

Chapter 1 ◆ 重點整理

1. 1995 年 10 月 2 日 3Com 公司的創始人,電腦網路先驅羅伯特·梅特卡夫(B. Metcalfe)於專欄上提出網路的價值是和使用者的平方成正比,稱為「梅特卡夫定律」(Metcalfe's Law)。

2. 網路經濟是一種分散式的經濟,帶來與傳統經濟方式完全不同的改變,最重要的優點就是可以去除傳統中間化,降低市場交易成本。

3. 摩爾定律(Moore's Law)是由英特爾(Intel)名譽董事長摩爾(Gordon Moores) 於 1965 年所提出,表示電子計算相關設備不斷向前快速發展的定律,主要是指一個尺寸相同的 IC 晶片上,所容納的電晶體數量,因為製程技術的不斷提升與進步。

4. 擾亂定律(Law of Disruption)是由唐斯及梅振家所提出,結合「摩爾定律」與「梅特卡夫定律」的第二級效應,主要是指出社會、商業體制與架構以漸進的方式演進,但是科技卻以幾何級數發展。

5. 跨境電商是全新的一種國際電子商務貿易型態,也將成為整個電商行業的新藍海,也就是消費者和賣家在不同國別或關境地區間(實施同一海關法規和關稅制度境域)的買賣雙方進行的交易主體。

6. 所謂串流媒體(Streaming Media)是近年來熱門的一種網路多媒體傳播方式,它是將影音檔案經過壓縮處理後,再利用網路上封包技術,將資料流不斷地傳送到網路伺服器,而用戶端程式則會將這些封包一一接收與重組,即時呈現在用戶端的電腦上,讓使用者可依照頻寬大小來選擇不同影音品質的播放。

7. 虛擬實境技術(Virtual Reality Modeling Language, VRML)是一種程式語法,主要是利用電腦模擬產生一個三度空間的虛擬世界,提供使用者關於視覺、聽覺、觸覺等感官的模擬,利用此種語法可以在網頁上建造出一個 3D 的立體模型與立體空間。

8. 所謂「超連結」就是 WWW 上的連結技巧，透過已定義好的關鍵字與圖形，只要點取某個圖示或某段文字，就可以直接連結上相對應的文件。而「超文件」是指具有超連結功能的文件。

9. Web 3.0 時代的網路服務能自動傳遞比單純瀏覽網頁更多的訊息，還能提供具有人工智慧功能的網路系統，所有網路訊息將會是無處不在的（ubiquitous），而且能針對簡單問題給出合理、完全答覆的系統。

10. 「雲端」其實就是泛指「網路」，因為通常工程師對於網路架構圖中的網路習慣用雲朵來代表不同的網路。

11. 雲端運算（Cloud Computing）可以看成將運算能力提供出來作為一種服務，只要使用者能透過網路登入遠端伺服器進行操作，透過網路就能使用運算資源，就可以稱為雲端運算。

12. 邊緣運算（Edge Computing）屬於一種分散式運算架構，可讓企業應用程式更接近本端邊緣伺服器等資料，資料不需要直接上傳到雲端，而是盡可能靠近資料來源，以減少延遲和頻寬使用，目的是減少集中遠端位置雲中執行的運算量，從而最大限度地減少異地用戶端和伺服器之間必須發生的通訊量。

13. 物聯網是將各種具裝置感測設備的物品，例如 RFID、環境感測器、全球定位系統（GPS）雷射掃描器等裝置與網際網路結合起來而形成的一個巨大網路系統，並透過網路技術讓各種實體物件、自動化裝置彼此溝通和交換資訊，也就是透過網路把所有東西都連結在一起。

14. 無線射頻辨識技術（Radio Frequency IDentification, RFID）是一種自動無線識別數據獲取技術，可以利用射頻訊號以無線方式傳送及接收數據資料。

15. 區塊鏈（Blockchain）可以把它理解成是一個全民皆可參與的去中心化分散式資料庫與電子記帳本，也將一連串的紀錄利用分散式帳本（Distributed Ledger）概念與去中心化的數位帳本來設計，能讓所有參與者的電腦一起記帳，可在商業網路中促進記錄交易與追蹤資產的程序。

Chapter 1 ◆ 學習評量

一、選擇題

(　　) 1. 寶可夢（Pokemon Go）行銷是使用下列哪種技術？
(A) VR　(B) AR　(C) MR　(D) QR

(　　) 2. 下列哪種不是大數據的主要特性？
(A) 大量性　(B) 速度性　(C) 多樣性　(D) 混合性

(　　) 3. 下列哪種是行動商務的四種特性？
(A) 隨處性（Ubiquity）　　　　(B) 定位性（Localization）
(C) 個人化（Personalization）　(D) 以上皆是

(　　) 4. 下列哪種是屬於網路技術發展規律，也就是使用者越多，對原來的使用者而言，反而產生的效用會越大？
(A) 摩爾定律（Moore's law）
(B) 梅特卡夫定律（Metcalfe's Law）
(C) 擾亂定律（Law of Disruption）
(D) 公司遞減定律（Law of Diminishing Firms）

(　　) 5. 行動商務的哪種特性是透過行動裝置探知與確定目前所在的地理位置，並能及時的將資訊傳送到對的客戶手中？
(A) 隨處性（Ubiquity）　　　　(B) 定位性（Localization）
(C) 個人化（Personalization）　(D) 便利性（Convenience）

二、問答題

1. 何謂網路經濟（Network Economy）？網路效應（Network Effect）？

2. 試簡述梅特卡夫定律。

3. 試問電子商務的定義為何？

4. 何謂跨境電商（Cross-Border Ecommerce）？

5. 試問電子商務具備哪些特性？

6. 試簡述擾亂定律（Law of Disruption）。

7. 何謂電子商務自貿區？

8. 何謂雲端運算（Cloud Computing）？

9. 何謂物聯網（Internet of Things, IOT）？

10. 試簡述無線射頻辨識技術（Radio Frequency IDentification, RFID）。

11. 比特幣主要功用為何？

　　網際網路普及背後孕育著龐大商機,電子商務提供企業虛擬化的全球性貿易環境,不論是有形的實體商品或無形的資訊服務,都可能成為電子商務的交易標的。所謂經營模式(Business Model)是指一個企業從事某一領域經營的市場定位和營利目標,經營模式會隨著時間的演進與實務觀點有所不同,主要是企業用來從市場上獲得利潤,是整個商業計畫的核心。

▲ 電商網站有許多不同的經營模式

Chapter 2

電子商務經營模式與交易流程

在電子商務的交易過程中,會有商品運送及資金流動,透過商業自動化,可以主要區分為四種流程,本章將會介紹各種電子商務經營模式與交易流程。

學習焦點

- 電子商務經營模式
- B2C 模式
- B2B 模式
- C2C 模式
- C2B 模式
- 電子商務交易流程
- 商流
- 金流
- 物流
- 資訊流

2-1 電子商務經營模式

電子商務經營模式會隨著時間的演進與實務觀點有所不同，種類極為廣泛，若依照交易對象的差異性，可以區分為四種模式：

1. 企業對企業間（Business to Business，簡稱 B2B）的電子商務。
2. 企業對消費者間（Business to Customer，簡稱 B2C）的電子商務。
3. 消費者對消費者間（Customer to Customer，簡稱 C2C）的電子商務。
4. 消費者對企業間（Customer to Business，簡稱 C2B）的電子商務。

● 透過電子商務經營模式，小資族就可在樂天市集開店

> **TIPS**
>
> 企業對政府模式（Business to Government, B2G）即企業與政府之間透過網路所進行的電子商務交易，可以加速政府單位與企業之間的互動，提供便利的平台供雙方相互提供資訊流或是物流，包括政府採購、稅收、商檢、管理條例的發佈等，可以節省舟車往返的費用，並且加強行政效率。
>
>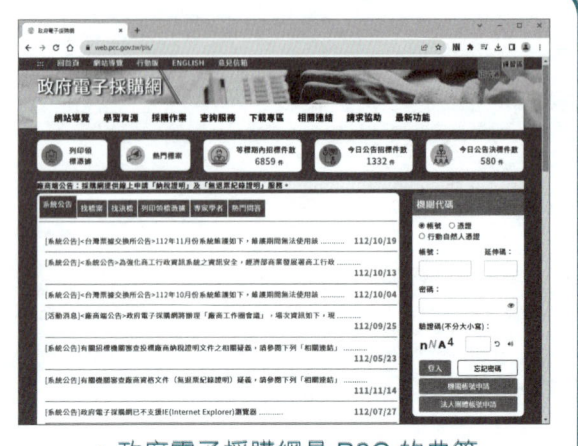
>
> ● 政府電子採購網是 B2G 的典範

▶ 2-1-1 B2C 模式

企業對消費者間（Business to Customer, B2C）的電子商務是指企業直接和消費者間的交易行為，一般以網路零售業為主，將傳統由實體店面所銷售的實體商品，改以透過網際網路直接面對消費者進行實體商品或虛擬商品的交易活動，大大提高交易效率，節省各類不必要的開支。例如線上零售商店、網路書店、線上軟體下載、線上內容提供者、入口網站等，例如亞馬遜書店在網路上成功販售書籍給消費者。

● amazon 是世界知名的 B2C 線上購物網站

1 線上零售商店

線上零售商店是指在網路上販賣實體商品的商店，消費者向購物網站下單，購物網站再向大盤商調貨來出給消費者。生產者、品牌廠商透過網路自行架設購物網站，使製造商更容易直接銷售產品給消費者，而除去中間商的部分。

● 博客來網路書店是最典型的線上零售商店

2 入口網站（Portal）

入口網站是指進入 Web 的首站或中心點，它讓所有類型的資訊能被所有使用者存取，提供各種豐富個別化的服務與導覽連結功能。當各位連上入口網站的首頁，可以藉由分類選項來達到各位要瀏覽的網站，同時也提供許多的服務，諸如：搜尋引擎、免費信箱、拍賣、新聞、討論等，例如 Yahoo、Google、蕃薯藤、新浪網等。

● Yahoo 奇摩首頁就是入口網站

3 線上內容提供者

線上內容提供者（Internet Content Provider, ICP）主要是向消費者提供網際網路資訊服務和相關業務，包括與智慧財產權有關的數位內容產品與娛樂、期刊、雜誌、新聞、音樂，線上遊戲等，由於是數位化商品也能透過網際網路直接讓消費者下載，例如聯合報的線上新聞、KKBOX 線上音樂網、YouTube 等。

● KKBOX 是華人世界知名的線上音樂網

隨著網際網路的逐漸盛行，線上遊戲的潛在市場大幅倍增，也是屬於線上內容提供者，網路的互動性改變遊戲的遊玩方式與型態，網路讓遊戲本身突破其遊戲本身的意義，它塑造一個虛擬空間，這時結合聲光、動作、影像及劇情的線上遊戲應運而生，短短數年蔚為流行。

 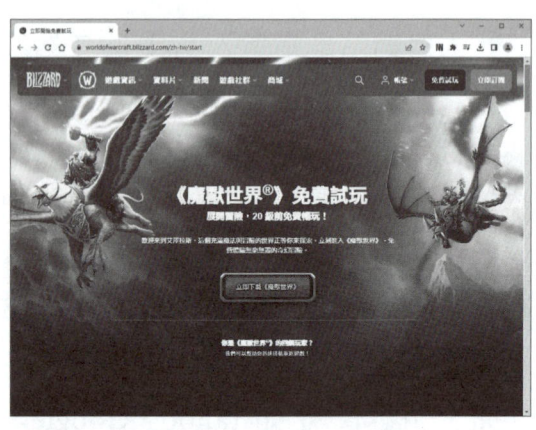

● 線上遊戲十分受到年輕族群的喜愛

❹ 虛擬社群

虛擬社群（Virtual Communities）是聚集相同興趣的消費者形成一個特定社群來分享資訊、知識，甚或販賣相同產品，提供使用者有助於彼此之間互動和分享資訊與知識的共同環境。

● 巴哈姆特是華人具規模的動漫及遊戲社群網站

愛情公寓（i-part.com）也是虛擬社群的一種，提供線上結交異性的社群平台服務，提供聊天室傳情聊天、網路交友、徵友約會聯誼等服務，已經超過 550 萬人加入會員；相當受女生歡迎的溫馨交友網站，每天超過 100,000 會員在愛情公寓熱烈互動。

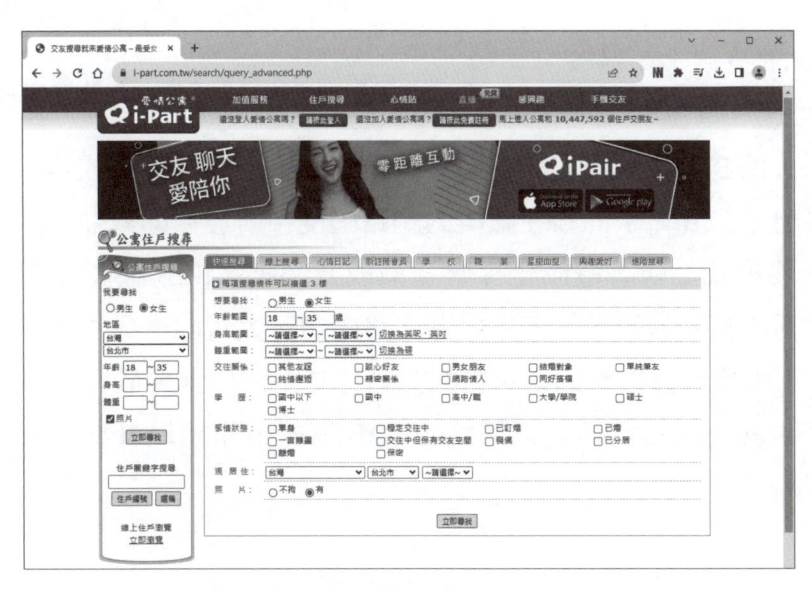

● 愛情公寓是國內相當受歡迎的線上交友網站

5 線上仲介商

線上仲介商（Online Broker）主要的工作是代表其客戶搜尋適當的交易對象，並協助其完成交易，藉以收取仲介費用，本身並不會提供商品，包括證券網路下單、線上購票等。例如每家證券商也都有提供股票網路下單這樣的服務。

▶ 2-1-2 B2B 模式

企業對企業間（Business to Business, B2B）的電子商務指的是企業與企業間或企業內透過網際網路所進行的一切商業活動，簡單來說，供應過程仰賴多家企業提供不同產品，這個過程就是 B2B 的商業模式。例如上下游企業的資訊整合、產品交易、貨物配送、線上交易、

● 阿里巴巴網站是大中華圈相當知名的 B2B 網站

庫存管理等。B2B 電子商務可讓企業具有更強競爭力與「節省成本」及「增進生產力」的優勢。B2B 電子商務在虛擬的網路國度中所發揮的效益，大大震撼了傳統企業的交易模式，隨著電商化採購逐漸成為趨勢，B2B 電商的業態變化直接影響到企業採購模式的轉變，直接透過網路媒體，大量向產品供應商或零售商訂購，以低於市場價格獲得產品或服務的採購行為，例如全美最大零售商 Walmart（沃爾瑪），就是採用這種大量採購的 B2B 模式，才能以量制價，提供物美價廉的優質商品。

1 電子配銷商

電子配銷商（e-Distribution）是最普遍，也最容易了解的網路市集，將數千家供應商的產品整合到單一線上電子型錄，一個銷售者服務多家企業，主要優點是銷售者可以為大量的客戶提供更好的服務，將數千家供應商的產品整合到單一電子型錄上。

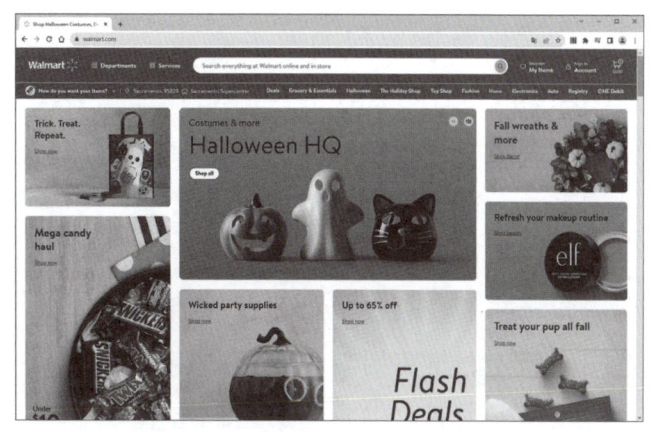

● Wal-mart 網站是屬於大型電子配銷商的一種

2 電子交易市集

電子交易市集（e-Marketplace）是一種為買賣雙方及市場的中間商，也是一種透過網路與資訊科技輔助所形成的虛擬市集，通常電子交易市集又可區分為水平式電子交易市集（Horizontal Market）與垂直式電子交易市集（Vertical Market）兩種，具有匯集買主與供應商的功能，不僅提供供應商和電子配銷商的型錄，並且整合線上採購的分類目錄、運送、保證及金融等方面軟體，來協助供應商賣東西給採購商。

● Ariba 是全美相當知名的水平式電子交易市集

● 紡織工會主導的紡拓會垂直式電子交易市集

▶ 2-1-3 C2C 模式

「客戶對客戶型的電子商務」（Customer to Customer, C2C），就是個人使用者透過網路供應商所提供的電子商務平台與其他消費者者進行直接交易的商業行為，消費者可以利用此網站平台販賣或購買其他消費者的商品。網路使用者不僅是消費者也可能是提供者，供應者透過網路虛擬電子商店設置展示區，提供商品圖片、規格、價位及交款方式等資訊。

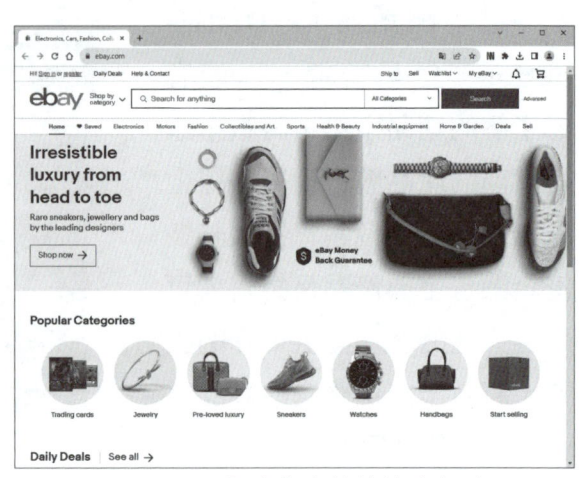

● eBay 是全球代表性的拍賣網站

C2C 模式通常具有低成本和多元化的市場選擇，不過也存在著信任和劣質產品的風險，由於消費者直接交易，可能存在一些交易衝突的風險，如退換貨問題或產品爭議等。需要平台能提供可靠的交易環境和評價與口碑機制，讓消費者可以根據其他用戶的評價和反饋來判斷賣家的信譽和商品品質。

最常見的 C2C 型網站就是拍賣網站，這樣的好處是原本在 B2C 模式中最耗費網站經營者成本的庫存與物流問題，在 C2C 模式中卻由小型買家和賣家來自行吸收。網友可將自己打算賣出的物品張貼在網站上，讓有意願的網友互相出價競標，最後價高者得。例如 eBay 是美國 C2C 電子商務模式的典型代表。

1 共享經濟

隨著 C2C 通路模式不斷發展和完善，以 C2C 精神發展的「共享經濟」（Sharing Economy）模式正在日漸成長，共享經濟的成功取決於建立互信，以合理的價格與他人共享資源，同時讓閒置的商品和服務創造收益，讓有需要的人得以較便宜的代價借用資源。例如類似計程車「共乘服務」（Ride-sharing Service）的 Uber。

● Uber 提供比計程車更為優惠的價格與付款方式

2 群眾募資平台

群眾募資平台（Crowdfunding platform）的誕生，也使 C2C 模式由生產銷售端，延伸至資金募集端，打破傳統資金的取得管道，近年來群眾募資在各地掀起浪潮，募資者善用網際網路吸引世界各地的大眾出錢，並設定募資金額與時限，於時限內達成目標金額即為募資成功，用小額贊助來尋求贊助各類創作與計畫。

● flyingV 是一個臺灣相當著名的群眾募資平台

▶ 2-1-4 C2B 模式

「消費者對企業型電子商務」（Customer to Business, C2B）是一種將消費者帶往供應者端，並產生消費行為的電子商務新類型，也就是主導權由廠商轉移到消費者。C2B 的發展背景可說是因為網路世代的來臨，因為顧客往往看到的已經不再是由商家單一方面發出的行銷資訊，而是更具參考價值的消費者體驗推薦。

● 愛合購網站是國內相當知名的 C2B 網站

在 C2B 的關係中，則先由消費者提出需求，透過「社群」力量與企業進行集體議價及配合提供貨品的電子商務模式，也就是集結一群人用大量訂購的方式，並有權利向商家要求索取一定利益，例如跟供應商要求更低的單價。最經典的 C2B 模式就是「團購」網站，因為比起商家單方面說商品的好，不如透過消費者群聚的力量，進而主導廠商以提供優惠價格。

電子商務實務與 ChatGPT 應用

1 團購

近年來團購被市場視為「便宜」代名詞，由於購買大量商品，團主就有條件向商家「議價」，獲取更多降價的空間，提供更多商品優惠。琳瑯滿目的團購促銷廣告時常充斥在搜尋網站的頁面上，不過團購今日也成為眾多精打細算消費者紛紛追求的一種現代與時尚的購物方式，主要的商業模式是一種將消費者帶往供應者端，並產生消費行為的

● 486團購網是目前很受歡迎的團購平台

電子商務新類型，讓商家可以藉由團購網的促銷吸引大量人氣，呈現給消費者最美好的店家體驗，也能使最在乎 CP 值的消費者搶到俗擱大碗的商品。

2 聯盟行銷

聯盟行銷（Affiliate Marketing）也是 C2B 商業模式的最佳做法之一，核心精神就是分享者以自身的影響力，為商家宣傳商品服務，為商家提升品牌知名度或銷售額，從而向商家收費。這樣不但可以幫助廠商賣出更多的商品；讓沒有產品的分享者也能輕鬆幫忙銷售商品，然後開始在

● 聯盟網是臺灣第一個聯盟行銷平台

部落格或是各種網路平台推銷產品，做法包括網站交換連結、交換廣告及數家結盟行銷的方式，共同促銷商品，消費者透過該授權碼的連結成交，順利達成商品銷售後，聯盟會員就會獲取佣金利潤。會員在聯盟行銷時是不需要進貨的，甚至連後面的發貨都不需要處理，透過系統還能即時掌握銷售成效，藉此為自身網站帶來大量的流量與營業額，為數以萬計的網站增加額外收入。

2-2 電子商務交易流程

整個電子商務的交易流程是由消費者、網站業者、金融單位與物流業者等四個單元組成，交易步驟包括網路商店的建立、行銷廣告、瀏覽訂購、徵信過程、收付款過程、配送貨品。電子商務對象是整個交易過程，任何一筆交易都由商流、物流、金流和資訊流四個基本部分組成。

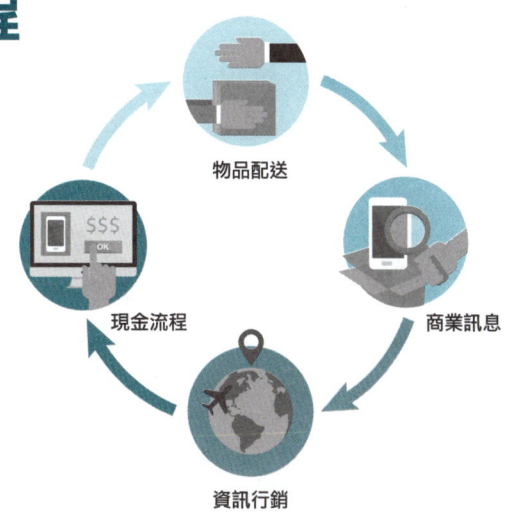

● 電子商務的四種主要流（商流、物流、金流、資訊流）

▶ 2-2-1 商流

電子商務的本質是商務，商務的核心就是商流，「商流」是指交易作業的流通，或是市場上所謂的「交易活動」，就是將實體產品的策略模式移至網路上來執行與管理的動作，代表資產所有權的轉移過程，內容則涵蓋將商品由生產者處傳送到批發商手後，再由批發商傳送到零售業者，最後則由零售商處傳送到消費者手中的商品販賣交易程序。

● 東森購物網的商流運作相當成功

2-2-2 金流

自古以來人類只要有交易行為產生，就一定會有金流服務上的需求，如果這個問題無法解決，網路上的交易都不能算是真正的電子商務。雖然網際網路的商機無限，但是如何收取款項與方便使用者付費，都是網路金流所討論的範圍，包含應收、應付、稅務、會計、信用查詢、付款指示明細、進帳通知明細等，並且透過金融體系安全的認證機制完成付款。

● 玉山銀行提供多種優質電商金流服務方案

2-2-3 物流

物流就是一種產品實體的流通活動與行為，透過有效管理程序，並結合包括倉儲、裝卸、包裝、運輸等相關活動。對於電子商務來說，物流的主要工作就是當消費者在網際網路下單後的產品，如何順利送到消費者手中的所有流程，電子商務必須有現代化物流技術作基礎，才能在最大限度上使交易雙方得到便利。目前常見的物流運送方式有郵寄、貨到付款、超商取貨、宅配等，也有專門的物流公司幫商家處理商品運送的事宜。

● 黑貓宅配是非常專業的物流公司

2-2-4 資訊流

　　資訊流指的是網站的架構，一個線上購物網站最重要的就是整個網站規劃流程，能夠讓使用者快速找到自己需要的商品，網站上的商品不像真實的賣場可以親自感受商品或試用，因此商品的圖片、詳細說明與各式各樣的促銷活動就相當重要，規劃良好的資訊流是電子商務成功很重要的因素。

　　資訊流流通的優劣決定於網站架構的設計，好的網站架構就如同一個優質賣場，消費者可以快速找到自己要的產品與得到最新產品訊息，廠商也可以透過留言版功能得到最即時的消費者訊息。

● 台科大圖書網站的資訊流相當成功

Chapter 2 ◆ 重點整理

1. 經營模式（Business Model）是指一個企業從事某一領域經營的市場定位和營利目標，經營模式會隨著時間的演進與實務觀點有所不同，主要是企業用來從市場上獲得利潤，是整個商業計畫的核心。

2. 企業對政府模式（Business to Government, B2G）即企業與政府之間透過網路所進行的電子商務交易，可以加速政府單位與企業之間的互動，提供一個便利的平台供雙方相互提供資訊流或是物流，包括政府採購、稅收、商檢、管理條例的發佈等，可以節省舟車往返費用，並且加強行政效率

3. 入口網站是進入 WWW 的首站或中心點，它讓所有類型的資訊能被所有使用者存取，提供各種豐富個別化的服務與導覽連結功能。

4. 線上內容提供者（Internet Content Provider, ICP）主要是向消費者提供網際網路資訊服務和相關業務，包括了智慧財產權的數位內容產品與娛樂，包括期刊、雜誌、新聞、音樂，線上遊戲等。

5. 虛擬社群（Virtual Communities）是聚集相同興趣的消費者形成一個特定社群來分享資訊、知識，甚或販賣相同產品，提供使用者有助於彼此之間互動和分享資訊與知識的共同環境。

6. 線上仲介商（Online Broker）主要的工作是代表其客戶搜尋適當的交易對象，並協助其完成交易，藉以收取仲介費用，本身並不會提供商品，包括證券網路下單、線上購票等。

7. 企業對企業間（Business to Business, B2B）的電子商務指的是企業與企業間或企業內透過網際網路所進行的一切商業活動。

8. 電子配銷商（e-Distribution）是最普遍也最容易了解的網路市集，將數千家供應商的產品整合到單一線上電子型錄，一個銷售者服務多家企業，主要優點是銷售者可以為大量的客戶提供更好的服務，將數千家供應商的產品整合到單一電子型錄上。

9. 電子交易市集（e-Marketplace）是一種為買賣雙方及市場的中間商，也是一種透過網路與資訊科技輔助所形成的虛擬市集，具有匯集買主與供應商的功能。

10. 客戶對客戶型的電子商務（Customer to Customer, C2C），就是個人使用者透過網路供應商所提供的電子商務平台與其他消費者者進行直接交易的商業行為，消費者可以利用此網站平台販賣或購買其他消費者的商品。

11. 隨著 C2C 通路模式不斷發展和完善，以 C2C 精神發展的「共享經濟」（Sharing Economy）模式正在日漸成長，共享經濟的成功取決於建立互信，以較低的價格提供商品或服務與他人共享資源。

12. 消費者對企業型電子商務（Customer to Business, C2B）是一種將消費者帶往供應者端，並產生消費行為的電子商務新類型，也就是主導權由廠商轉移到消費者。

13. 在 C2B 的關係中，則先由消費者提出需求，透過網路上群眾力量與企業進行集體議價及配合提供貨品的電子商務模式，也就是集結一群人用大量訂購的方式，跟供應商要求更低的單價，就是俗稱的團購。

14. 電子商務對象是整個交易過程，任何一筆交易都由商流、金流、物流和資訊流四個基本部分組成。

15. 商流是指交易作業的流通，或是市場上所謂的「交易活動」，就是將實體產品的策略模式移至網路上來執行與管理的動作，代表資產所有權的轉移過程。

16. 網路金流所討論的範圍，包括應收、應付、稅務、會計、信用查詢、付款指示明細、進帳通知明細等，並且透過金融體系安全的認證機制完成付款。

17. 物流就是一種產品實體的流通活動與行為，在流通過程中，透過有效管理程序，並結合包括倉儲、裝卸、包裝、運輸等相關活動。

18. 資訊流指的是網站的架構，一個線上購物網站最重要的就是整個網站規劃流程，能夠讓使用者快速找到需要的商品。

Chapter 2 ◆ 學習評量

一、選擇題

(　　) 1. 電子商務網站被侵入時，下列哪種資訊被盜用的風險最高？
(A) 購買日期　(B) 個人名字　(C) 產品清單　(D) 信用卡資訊

(　　) 2. 有關商品的配送、時程管理、進銷存的管制問題是屬於電子商務的哪種實作層面？
(A) 商務訊息　(B) 商品配送　(C) 支付流程　(D) 商務行銷

(　　) 3. 下列哪個網站不是著名的入口網站？
(A) Yahoo! 奇摩　(B) 蕃薯藤　(C) eBay 網站　(D) 新浪網

(　　) 4. 下列哪種模式的電子商務指的是企業與企業間或企業內透過網際網路所進行的一切商業活動？
(A) B2C　(B) B2B　(C) C2C　(D) C2B

(　　) 5. 下列何者不屬於構成「整體電子商務環境」的一環？
(A) 消費者　(B) 金融機構　(C) 安全認證中心　(D) 軍事單位

(　　) 6. 下列敘述何者錯誤？
(A) 一般而言只要以電腦透過網路達成交易都稱為電子商務
(B) 網路購物屬於電子商務的一種
(C) 電子商務中為求交易資料正確快速，各項交易資料都用密碼，不用壓縮及保護
(D) 電子商務是將傳統市場交易的模式轉移到 Internet 上的經營模式

二、問答題

1. 請舉出 4 種電子商務的通路模式。

2. 試簡述入口網站（Portal）。

3. 試簡述共享經濟（The Sharing Economy）。

4. 電子商務的交易流程是由哪些單元組合而成。

5. 何謂企業對政府模式（Business to Government, B2G）？

6. 試簡述商流的意義。

7. 試簡述電子交易市集（e-Marketplace）。

8. 試簡述線上仲介商（Online Broker）的功能。

網路購物的消費型態是電子時代的趨勢，電子商務模式中最關鍵的動作當然就是要讓客戶付款來完成交易的動作，由於支付系統是經濟體系中金融交易市場的基礎，而效率暨安全的電子支付系統是現代電子商務環境中不可或缺的條件。伴隨各種電商支付工具不斷推陳出新，從早期實體 ATM 或銀行轉帳、電子方式下單、通知或授權金融機構進行的資金轉移行為，演變成線上刷卡、網路 ATM 轉帳、超商代碼繳費、貨到付款、手機小額付款、第三方支付等方式，也使得電商市場的產銷活動與金融市場的交易產生新的型態與運作規則，本章中將介紹電子付款與交易安全機制的相關常識。

▲ 支付寶的使用說明與操作方法

TIPS

第三方支付可說是網路時代交易媒介的變形，第三方支付機制建立了一個中立的支付平台，為買賣雙方提供款項的代收代付服務，例如「支付寶」是阿里巴巴集團發展的一個第三方線上付款服務。申請這項服務，就可以立即在中國的網路商城中購買商品，例如在淘寶網購物，都是需要透過支付寶才可付款。

Chapter 3

電子付款與交易安全機制

學習焦點

- 電子商務付費模式
- 非線上付款
- 線上付款
- PayPal 付款
- 電子現金
- 行動支付
- 電子商務安全機制

3-1 電子商務付費模式

數位產業分工細密的時代中，電子商務型態愈趨成熟，幾乎沒有任何商業網站是自行向消費者收款，而是與各金流單位策略合作，網路金流解決方案很多，沒有統一的模式，目前常見的方式可概分為非線上付款（Off Line）與線上付款（On Line）兩類。

▶ 3-1-1 非線上付款

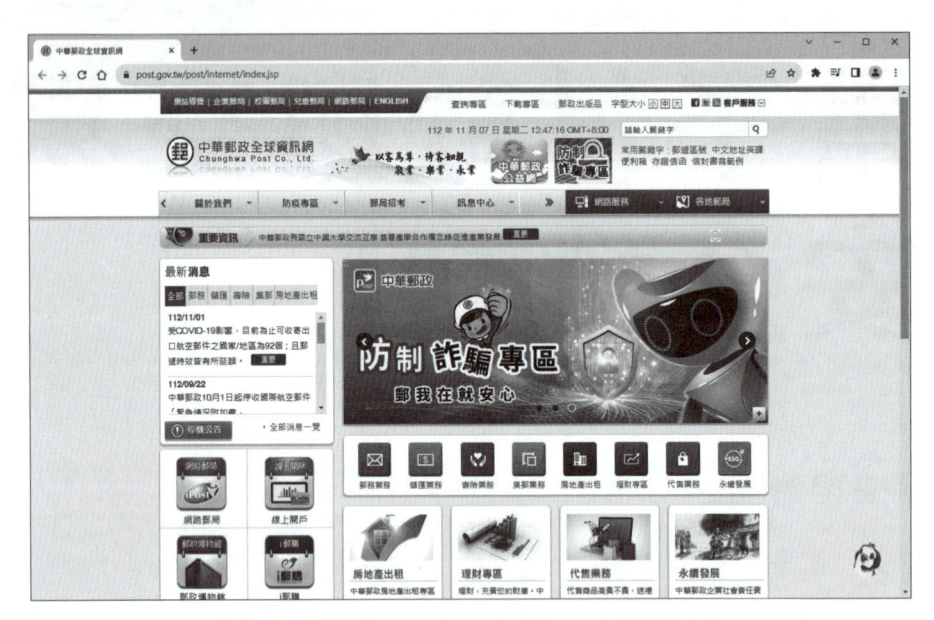

● 劃撥轉帳是早期電子商務常見的付款方式

首先介紹非線上付款（Off Line）方式，包括有傳真刷卡、劃撥轉帳、條碼超商代收（如 ibon）、ATM 轉帳、櫃台轉帳、貨到付款等。如下說明：

1 貨到付款

由物流公司配送商品後代收貨款之付款方式，例如郵局代收貨款、便利商店取貨付款，或者有些宅配公司都有提供貨到付款服務，甚至也提供消費者貨到當場刷卡的服務。

2 匯款、ATM 轉帳

特約商店將匯款或轉帳資訊提供給使用者，等使用者利用提款卡在自動櫃員機（ATM）轉帳，或是到銀行進行轉帳付款方式。

3 超商代碼繳費

當消費者在網路上購買後會產生一組繳費代碼，只要取得代碼後，在超商完成繳費就可立即取得服務，例如 7-11 的 ibon 或全家的 FamiPort。ibon 是 7-11 的一台機器，可以在上面列印優惠券、訂票、列印付款單據等，你的電子信箱也會收到 7-11 超商 ibon 繳費代碼通知信，不過超商會額外收一筆手續費。

▶ 3-1-2 線上付款

線上付款（On Line）又稱為電子支付方式，電子付款是電子商務不可或缺的一部分，在全球化之下的數位時代，透過現代電子支付系統的運作，幾乎所有的經濟金融交易皆可透過網路直接進行，就是利用數位訊號的傳遞來代替一般貨幣的流動，達到實際支付款項的目的。以下介紹幾種電子付款常見模式：

> **TIPS**
>
> 電子資金移轉（Electronic Funds Transfer, EFT）或稱為電子轉帳，使用電腦及網路設備，通知或授權金融機構處理資金往來帳戶的移轉或調撥行為。例如在電子商務的模式中，金融機構間之電子資金移轉（EFT）作業就是一種 B2B 模式。
>
> 金融電子資料交換（Financial Electronic Data Interchange, FEDI）是一種透過電子資料交換方式進行企業金融服務的作業介面，就是將 EDI 運用在金融領域，可作為電子轉帳的建置及作業環境。

1 PayPal 付款

PayPal 是一種線上金流系統與跨國線上交易平台，是全球線上第三方線上支付工具的領導者，適用於全球 203 個國家，有超過 3 億用戶，各位只要提供 PayPal 帳號即可，不但拉近買賣雙方的距離，也能省去不必要的交易步驟與麻煩，讓賣家可以輕鬆地

● PayPal 是全球知名的線上金流系統

拓展商品至全球範圍，特別在國外使用者極其眾多，尤其歐美地區使用者廣泛。如果你有足夠的 PayPal 餘額，購物時所花費的款項將直接從餘額中扣除，或者 PayPal 餘額不足的時候，還可以直接從信用卡扣付購物款項。

2 線上刷卡

信用卡付款早已成為 B2C 電子商務中消費者最愛使用的支付方式之一，大約 90% 的線上支付均使用信用卡的方式完成。由於消費者在網路上使用信用卡付款時，店家沒有辦法利用核對顧客的簽名的方式作為確認的方式，消費者必須輸入卡號及基本資料，店家再將該資料送至信用卡收單銀行請求授權，只要經過許可，商店便可向銀行取得貨款。

> **TIPS**
> 虛擬信用卡是一種由發卡銀行提供消費者一組十六碼卡號與有效期做為網路消費的支付工具，僅能在網路商城中購物，無法拿到實體店家消費，與實體信用卡最大的差別就在於發卡銀行會承擔被冒用的風險，信用額度較低，只有 2 萬元上限。

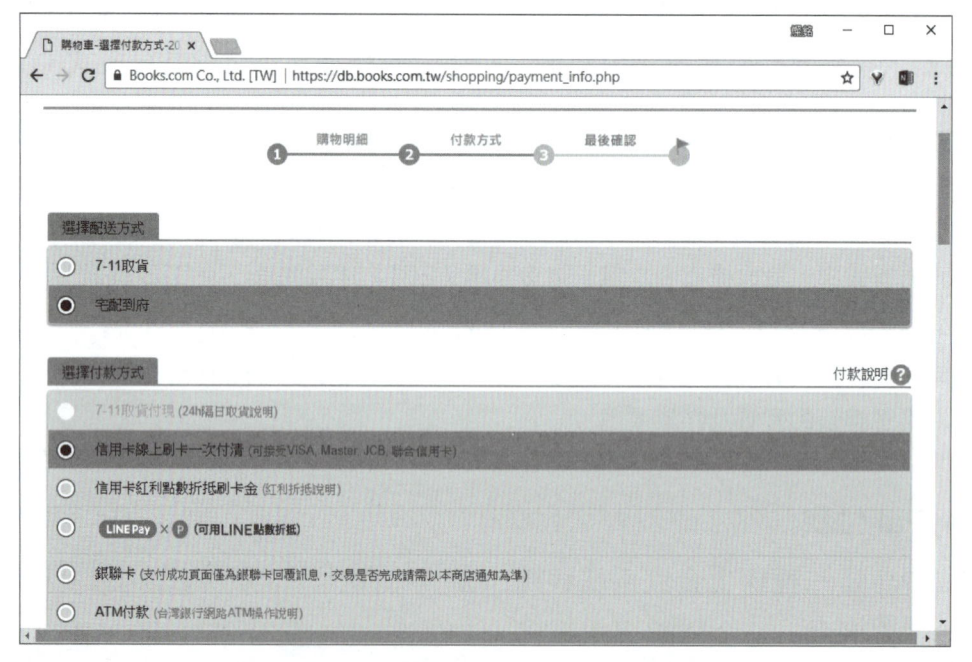

● 填好信用卡資料就可在線上直接刷卡

> **TIPS**
> 「WebATM」（網路 ATM）是一種晶片金融卡網路收單服務，除了提領現金之外，其他如轉帳、繳費（手機費、卡費、水電費、稅金、停車費、學費、社區管理費）、查詢餘額、繳稅、更改晶片卡密碼等，只要擁用任何一家銀行發出的「晶片金融卡」，插入一台「晶片讀卡機」，再連結電腦上網至網路 ATM，就可立即轉帳支付消費款項。

3 電子現金

電子現金（e-Cash）又稱為數位現金，是模擬一般傳統現金付款方式的電子貨幣，相當於銀行所發行的現金，當消費者要使用電子現金付款時，必須先向網路銀行提領現金，使用時再將數位資料轉換為金額。電子現金只有在申購時需要先行開立帳戶，但是使用電子現金時則完全匿名，目前區分為智慧卡型電子現金與可在網路使用的電子錢包。

1. 智慧卡

智慧卡是一種附有 IC 晶片大小如同信用卡般的卡片，可將現金儲存在智慧卡中，使用者隨身攜帶以取代傳統的貨幣方式，如 7-ELEVEN 發行的 icash 預付儲值卡及搭乘捷運所使用的悠遊卡。

2. 電子錢包

電子錢包則是電子商務活動中網上購物顧客常用的一種支付工具，是在小額購物時經常用使的新式錢包。例如只要有 Google 帳號就可以申請 Google Wallet 電子錢包並綁定信用卡或是金融卡，透過信用卡的綁定，就可以針對 Google 自家的服務進行消費付款，簡單方便又快速。

● Google 的電子錢包相當方便實用

3-2 行動支付

行動支付（Mobile Payment），就是指消費者透過手持式行動裝置對所消費的商品或服務進行帳務支付的一種方式，自從金管會宣布開放金融機構申請辦理手機信用卡業務開始，正式宣告引爆全台「行動支付」的商機熱潮，對於行動支付解決方案，目前主要是以 QR Code、條碼支付與 NFC（近場通訊）三種方式為主。

▶ 3-2-1 QR Code 支付

QR Code 行動支付有別傳統支付應用，不但可應用於實體與網路特約店等傳統型態通路，更可以開拓多元化的非傳統型態通路，優點則是免辦新卡，可以突破行動支付對手機廠牌的仰賴，不管 Android 或 iOS 都適用，還可設定多張信用卡，只要掃描支援廠商商品的 QR Code，就可以直接讓消費者以手機進行付款。

● 台灣 Pay QR Code 共通支付，打造更完善行動支付環境

▶ 3-2-2 條碼支付

條碼支付近來在世界各地掀起一陣旋風，各位不需要額外申請手機信用卡，同時支援 Android 系統、iOS 系統，也不需額外申請 SIM 卡，免綁定電信業者，只要下載 App 後，以手機號碼或 Email 註冊，接著綁定手邊信用卡或是現金儲值，手機出示付款條碼給店員掃描，即可完成付款，條碼行動支付現在最廣泛被用在便利商店。

● 條碼放款讓你輕鬆拍安心付

3-2-3 NFC 行動支付

NFC 手機進行消費與支付已經是一個全球發展的趨勢，只要您的手機具備 NFC 傳輸功能，就能向電信公司申請 NFC 信用卡專屬的 SIM 卡，再將 NFC 行動信用卡下載於您的數位錢包中，購物時透過手機感應刷卡，輕輕一「嗶」，結帳快速又安全。目前 NFC 行動支付有兩套較為普遍的解決方案，分別是 TSM（Trusted Service Manager）信任服務管理方案與 Google 主導的 HCE（Host Card Emulation）解決方案。

> **TIPS**
>
> NFC（Near Field Communication，近場通訊）是由 PHILIPS、NOKIA 與 SONY 共同研發的一種短距離非接觸式通訊技術，可在您的手機與其他 NFC 裝置之間傳輸資訊，例如手機、NFC 標籤或支付裝置，因此逐漸成為行動交易、行銷接收工具的最佳解決方案。

TSM 平台的運作模式，主要是透過與所有行動支付的相關業者連線後，使用 TSM 必須更換特殊的 TSM-SIM 卡才能順利交易，經 TSM 系統及銀行驗證身分後，將信用卡資料傳輸至手機內 NFC 安全元件（Secure Element）中，便能以手機進行消費。HCE（Host Card Emulation，主機卡模擬）是 Google 於 2013 年底所推出的行動支付

● 國內許多銀行推出 NFC 行動付款

方案，優點是不限定電信門號，不用在手機加入任何特定的安全元件，因此無須行動網路業者介入，也不必更換專用 SIM 卡、一機可綁定多張卡片，僅需要有網路連上雲端，可降低一般使用者申辦的困難度。

3-3 電子商務安全機制

目前電子商務的發展受到最大的考驗，就是線上交易安全性。曾經在網路上購物的消費者，大概都經歷過一段猶豫期，也就是到底網路交易能不能確保私人資料不被侵犯？例如在網路上進行電子交易行為時，經常必須傳遞私密性的個人金融資料（如信用卡號、銀行帳號等），如果這些資料不慎被第三者截取，那麼將造成使用者的困擾與損害。

因此如何儘速建立一套安全的電子商務機制，以消弭消費者對網路安全性的疑慮刻不容緩！為了讓消費者線上交易能得到一定程度的保障，以下將為您介紹目前較具有公信力的網路安全評鑑與安全機制。

▶ 3-3-1 安全插槽層協定（SSL）/ 傳輸層安全協定（TLS）

由於 WWW 發展初期，網景通訊公司的瀏覽器產品佔據了大部分的市場，「網路安全傳輸協定」（Secure Socket Layer, SSL）於 1995 年間由網景（Netscape）公司所提出利用 RSA 公開金鑰的加密技術，這是網頁伺服器和瀏覽器之間一種 128 位元傳輸加密的安全機制，大部分的網頁伺服器或瀏覽器，都能夠支援 SSL 安全機制。

當瀏覽者連結到具有 SSL 安全機制的網頁時，在瀏覽器下方的狀態列上會出現一個鎖頭的圖示，表示目前瀏覽器網頁與伺服器間的通訊資料，均採用 SSL 安全機制的保護，您的網頁伺服器就能在伺服器與您客戶的瀏覽器之間建立一個加密連結，使用者可以安心的在此頁面中輸入個人的資料。使用 SSL 最大的好處，就是消費者不需事先申請數位簽章或任何的憑證，就能夠直接解決資料傳輸的安全問題。不過當商家將資料內容還原準備向銀行請款時，這時候商家就會知道消費者的個人資料，還是有可能讓資料外洩，或者被不肖的員工盜用消費者的信用卡在網路上買東西等問題。

此圖示表示目前的網頁採用 SSL 安全機制

至於目前最新的傳輸層安全協定（Transport Layer Security, TLS）是由 SSL 3.0 版本為基礎改良而來，會利用公開金鑰基礎結構與非對稱加密等技術來保護在網際網路上傳輸的資料，使用該協定將資料加密後再行傳送，以保證雙方交換資料之保密及完整，在通訊的過程中確保對象的身分，提供了比 SSL 協定更好的通訊安全性與可靠性，避免未經授權的第三方竊聽或修改，可以算是 SSL 安全機制的進階版。

▶ 3-3-2 SET 協定

由於 SSL 並不是一個最安全的電子交易機制，為了達到更安全的標準，於是由信用卡國際大廠 VISA 及 MasterCard，在 1996 年共同制定並發表的「安全電子交易協定」（Secure Electronic Transaction, SET），安全機制採用非對稱鍵值加密系統的編碼方式，並採用知名的 RSA 及 DES 演算法技術，讓傳輸於網路上的資料更具有安全性。SET 安全機制所涵蓋的範圍是全面性的，它包含消費者、網路商家、發卡銀行及「憑證管理中心」（Certificate Authority, CA）等四部分。

消費者與網路商家並無法直接在網際網路上進行單獨的交易，雙方都必須先向 CA 申請取得各自的身分憑證，以確認自己的身分。消費者在向 CA 申請認證時，CA 會核發一個「數位簽章」（Digital Signature），消

> **TIPS**
> 憑證管理中心（CA）為一個具公信力的第三者身分，主要負責憑證申請註冊、憑證簽發、廢止等等管理服務。國內知名的憑證管理中心如下：
> - 政府憑證入口網：https://gcp.nat.gov.tw
> - 網際威信：https://www.hitrust.com.tw/

費者只要將此憑證安裝在瀏覽器上，日後只要是使用此瀏覽器進行的網路交易，都視同是該消費者的交易行為。即使消費者在消費後不認帳，也會因為各單位都留存有完整的交易紀錄，而不得不承認！

網路商家除了向 CA 申請數位憑證外，還必須與發卡銀行建立金融資訊管道，以即時處理消費者的交易行為與定期的請款動作。使用 SET 交易機制固然安全無虞，不過還是有些麻煩的地方。例如消費者必須事先申請數位簽章或安裝「電子錢包」軟體後，要向發卡銀行申請認證才能進行消費；而且消費的網站也必須具有同樣的 SET 安全機制，以及取得與消費者相同 CA 所發的憑證，才能達到上述的保護。

> **TIPS**
>
> 「信用卡 3D」驗證機制是由 VISA、MasterCard 及 JCB 國際組織所推出,作法是信用卡使用者必須在信用卡發卡銀行註冊一組 3D 驗證碼完成註冊之後,當信用卡使用者在提供 3D 驗證服務的網路商店使用信用卡付費時,必須在交易的過程中輸入這組 3D 驗證碼,確保只有您本人才可以使用自己的信用卡成功交易,才能完成線上刷卡付款動作。

Chapter 3 重點整理

1. 第三方支付可說是網路時代交易媒介的變形，買賣雙方如果透過「第三方支付」機制，用最少的代價保障彼此的權益

2. PayPal 是全球知名的線上金流系統與跨國線上交易平台，適用於全球 203 個國家，屬於 ebay 旗下的子公司，可以讓全世界的買家與賣家自由選擇購物款項的支付方式。

3. 電子現金（e-Cash）又稱為數位現金，是模擬一般傳統現金付款方式的電子貨幣，相當於銀行所發行的現金。

4. 智慧卡是一種附有 IC 晶片大小如同信用卡般的卡片，可將現金儲存在智慧卡中，使用者隨身攜帶以取代傳統的貨幣方式，如 7-ELEVEN 發行的 icash 預付儲值卡及搭乘捷運所使用的悠遊卡。

5. 電子錢包則是電子商務活動中網上購物顧客常用的一種支付工具，是在小額購物時經常使用的新式錢包。

6. 行動支付（Mobile Payment）就是指消費者通過手持式行動裝置對所消費的商品或服務進行帳務支付的一種方式。

7. QR Code 行動支付有別傳統支付應用，不但可應用於實體與網路特約店等傳統型態通路，更可以開拓多元化的非傳統型態通路，優點則是免辦新卡，可以突破行動支付對手機廠牌的仰賴。

8. NFC（Near Field Communication，近場通訊）是由 PHILIPS、NOKIA 與 SONY 共同研發的一種短距離非接觸式通訊技術，可在您的手機與其他 NFC 裝置之間傳輸資訊。

9. Apple Pay 是 Apple 的一種手機信用卡付款方式，讓手機質變成一張行動信用卡，只要使用該公司推出的 iPhone 或 Apple Watch（iOS 9 以上）相容的行動裝置，並將自己卡號輸入 iPhone 中的 Wallet App，經過驗證手續完畢後，搭配 Touch ID 指紋辨識功能就可以使用 Apple Pay 來購物。

10. 網路安全傳輸協定（Secure Socket Layer, SSL）於 1995 年間由網景（Netscape）公司所提出利用 RSA 公開金鑰的加密技術，是網頁伺服器和瀏覽器之間的一種 128 位元傳輸加密的安全機制。

11. 信用卡國際大廠 VISA 及 MasterCard，在 1996 年共同制定並發表的「安全電子交易協定」（Secure Electronic Transaction, SET），安全機制採用非對稱鍵值加密系統的編碼方式，並採用知名的 RSA 及 DES 演算法技術，讓傳輸於網路上的資料更具有安全性。

12. 傳輸層安全協定（Transport Layer Security, TLS）是由 SSL 3.0 版本為基礎改良而來，一個透過資料加密來防護和驗證所傳輸資料的協定，提供安全及資料完整性保障，以保證雙方交換資料之保密及完整，比 SSL 協定具備更好的通訊安全性與可靠性，避免未經授權的第三方竊聽或修改，可以算是 SSL 安全機制的進階版。

Chapter 3 學習評量

一、選擇題

(　　) 1. 關於網路上的商務交易，下列敘述何者有誤？
(A) SET 是目前網路上用以付款交易的規範
(B) SET 成員須取得認證核發之憑証
(C) SSL 可保障客戶的信用卡資料不被商家盜用
(D) https://www.taian.com.tw/ 其中「s」指的就是 SSL 安全機制

(　　) 2. 目前電子商務網站較常採用下列哪一種安全機制？
(A) DES（Data Encryption）
(B) IPSec（Internet Protocol Security）
(C) SET（Secure Electronic Transaction）
(D) SSL（Secure Socket Layer）

(　　) 3. 安全電子交易（SET）是一個用來保護信用卡持卡人在網際網路消費的開放式規格，透過密碼加密技術（Encryption）可確保網路交易，下列何者不是 SET 所要提供的？
(A) 輸入資料的私密性　(B) 訊息傳送的完整性
(C) 交易雙方的真實性　(D) 訊息傳送的轉接性

(　　) 4. 下列何者不是一個完整的安全電子交易（SET）架構所包括的成員之一？
(A) 電子錢包　(B) 商店伺服器　(C) 商品轉運站　(D) 認證中心

(　　) 5. SSL 和 SET 最大的不同點在於？
(A) SET 交易前必須先向第三方 CA 取得憑證
(B) SET 是透過郵局的交易機制
(C) SET 在網路傳送資料的時候由特殊線路傳送故不用加密
(D) SET 比較省事

(　　) 6. 下列哪種方式是屬於行動支付？
(A) QR Code　(B) 條碼支付　(C) NFC　(D) 以上皆是

二、問答題

1. 試簡述超商代碼繳費的流程。

2. 試簡述 QR 碼（Quick Response Code）。

3. 何謂行動支付（Mobile Payment）？

4. 試簡述近場通訊（Near Field Communication, NFC）的功用。

5. 試簡述條碼支付。

6. 試簡述網路安全傳輸協定（Secure Socket Layer, SSL）。

7. 試簡述電子錢包（Electronic Wallet）。

8. 試簡述 SET 與 SSL 的最大差異在何處？

9. 何謂虛擬信用卡？

10. 何謂電子錢包（Electronic Wallet）？

Chapter 3 ｜電子付款與交易安全機制

隨著資訊與網路技術發展的蓬勃迅速，電腦在辦公室內所能協助處理的範圍也日漸擴大，將企業內部的作業資訊與企業管理融合為一，進而使現有企業內流程經由網路與全球化電子商務接軌，使經營管理者從其中獲得層次及種類不同的經營情報與策略，這也揭開了「企業電子化」（electronic - Business）的序幕。

◀廣達電腦建立相當完整的企業電子化系統

Chapter 4

企業電子化與知識管理

企業電子化（electronic - Business）是將企業內部資訊化過程與企業管理融合為一，可以提供電子商務領域中整合性的管理目標，使經營管理者從其中獲得層次及種類不同的經營情報與策略，並且有利於企業電子商務的推行，本章中將會介紹企業電子化的相關基本概念與應用。

▋學習焦點

- 認識企業電子化
- 企業流程再造（BPR）
- 企業資源規劃（ERP）
- ERP 系統導入方式
- 供應鏈管理（SCM）
- 顧客關係管理（CRM）
- CRM 系統的種類
- 知識管理

4-1 認識企業電子化

隨著全球化競爭時代的來臨，二十一世紀是網路時代，也是電子商務的時代，電子商務算是企業電子化的一部分，也就是一種可以供廠商在網際網路上完成採購交易的系統。簡單來說，「企業 e 化」的最終目的就是希望利用各種資訊系統（Information System）與網路將整個產業鏈的上中下游廠商作最迅速與密切的結合，並為參與成員帶來最佳化的績效表現。

● 企業電子化是企業實行電子商務的重要基礎

資訊系統（Information System）就是幫助企業內員工收集、儲存、組織整理及使用資訊的一套機制與軟體系統，從早期單純的作為資料處理的工具，到今日支援企業電子化工作，甚至於協助高層管理者應用充份資訊來進行決策活動與創造競爭優勢。例如「專家系統」（Expert System, ES）是一種將專家（如醫生、會計師、工程師、證券分析師）的經驗與知識建構於電腦上，以類似專家解決問題的方式透過電腦推論某一特定問題的建議或解答。

> **TIPS**
>
> 「決策支援系統」（Decision Support System, DSS）的主要特色是利用「電腦化交談系統」（Interactive Computer-based system）協助企業決策者使用「資料與模式」（Data and Models）來解決企業內的各種商務判斷問題。
>
> 「策略資訊系統」（Strategic Information System, SIS）的功能就是支援企業目標管理及競爭策略的資訊系統，或者可以看成是結合產品、市場，甚至於結合部分風險與獨特有效功能的市場競爭利器。

根據 Malecki（1999）對企業電子化化的定義為：運用企業內網路（Intranets）、企業外網路（Extranets）及網際網路（Internet），將重要企業情報與其供應商、經銷商、客戶、員工及合作夥伴緊密結合。請看以下說明：

1 Internet

「網際網路」（Internet）最簡單的說法就是一種連接各種電腦網路的網路，以 TCP/IP 為它的網路標準，也就是說只要透過 TCP/IP 協定，就能享受 Internet 上所有一致性的服務。

> **TIPS**
> 「傳輸通訊協定」（Transmission Control Protocol, TCP）是一種「連線導向」資料傳遞方式。「網際網路協定」（Internet Protocol, IP）是 TCP/IP 協定中的運作核心，也是構成網際網路的基礎，是一種「非連接式」（Connectionless）傳輸。

2 Intranet

「企業內部網路」（Intranet）則是指企業體內的 Internet，將 Internet 的產品與觀念應用到企業組織，以 Web 瀏覽器作為統一的使用者界面，對企業組織之間的商務流程進行重新的設計和建立，服務對象原則上是企業內部員工，而以聯繫企業內部工作群體為主，充份利用網際網路達成資源共享的目的。

3 Extranet

「商際網路」（Extranet）則是為企業上、下游各相關策略聯盟企業間整合所構成的網路，通常 Extranet 是屬於 Intranet 的子網路。可將使用者延伸到公司外部，以便客戶、供應商、經銷商以及其它公司，可以存取企業網路的資源。

例如台塑關係企業源於創辦人王永慶先生對於企業電子化管理的遠見，自民國 67 年開始將管理制度導入電腦作業，迄今擁有將近四十年的企業電子化推動與實行的經驗。台塑集團成立台塑電子商務網站簡稱為「台塑網」，擁有臺灣七千多家的材料供應商及約三千家的工程協力廠商。

● 台塑網是台塑集團企業電子化效果的典範

企業電子化可以視為一個全面性整合與創新的過程，不但可以協助企業達成營運模式的創新，並且成為增加未來核心競爭力的利器，應用範圍主要包括企業流程再造（Business Process Reengineering, BPR）、企業資源規劃（Enterprise Resource Planning, ERP）、供應鏈管理（Supply Chain Management, SCM）、顧客關係管理（Customer Relationship Management, CRM）。

4-2 企業流程再造（BPR）

電子商務改變傳統的商務流程，給「企業流程再造」提供運用的舞台，「企業流程再造」（Business Process Reengineering, BPR）是目前「企業電子化」科學中相當流行的課題，就是以工作流程為中心，重新設計企業的經營、管理及運作方式，時時評核新的程序和技術，全方位為組織所帶來人事、結構及工作內涵的變化，實現高效率的電子商務運作。

企業流程再造（BPR）的目的是為了因應企業競爭環境不斷變遷，傳統企業所隱藏的不景氣問題，藉由結合組織策略與資訊科技、建立或重整跨功能的企業流程，並靠企業流程再造以降低營運成本與提昇產業競爭力。例如宏碁電腦與宏碁科技的合併案就是企業流程再造的成功案例，並轉型以服務為主的發展方向，目標是希望以資訊電子的產品行銷、服務、投資管理為核心業務，成為新的世界級服務公司。

● 宏碁電腦合併案是企業再造工程的成功案例

4-3 企業資源規劃（ERP）

　　面對全球化競爭與企業多角化經營模式的興起，企業整體營運也將隨著產業而變動，在競爭日益激烈的今天，任何企業都必須十分關注自己的成本，生產效率和管理效能，適時導入企業資源管理系統（ERP），實現企業內部管理與 ERP 整合，可以讓企業更合理地配置企業資源與增強企業的競爭力

　　「企業資源規劃」（Enterprise Resource Planning, ERP）是屬於企業一種資訊軟體的解決方案，可以將企業行為用資訊化的方法來規劃管理，並提供企業流程所需的各項功能，藉由資訊科技的協助，將企業的營運策略與經營模式導入整個以資訊系統為主幹的企業體中。

● 鼎新電腦是臺灣 ERP 系統領導廠商

　　ERP 會根據企業整體架構來運作，可能包含生產、銷售、人事、研發、財務五大管理功能，其中各個管理功能間可以整合運作，也可以分開獨立作業，例如以往只針對企業的某一項功能來進行電子化，而無法提供全面整合性的參考資訊，而 ERP 則可以全面性考量與規劃，並提供全方位的最新資訊讓決策者或專業經理人參考。

▶ 4-3-1 ERP 系統導入方式

大多數 ERP 系統是一套軟體，不同行業導入 ERP 會有不同的挑戰和困難，導入 ERP 系統的時候，必須要站在策略性的角度思考，由於每家資訊廠商的 ERP 系統皆有其本身系統架構，加上各個企業需求上的差異，導入過程從一般現場管理到電子化流程都需要有一套嚴謹的制度，否則根本無法發揮 ERP 系統的效益。通常是以下列三種方式來實施：

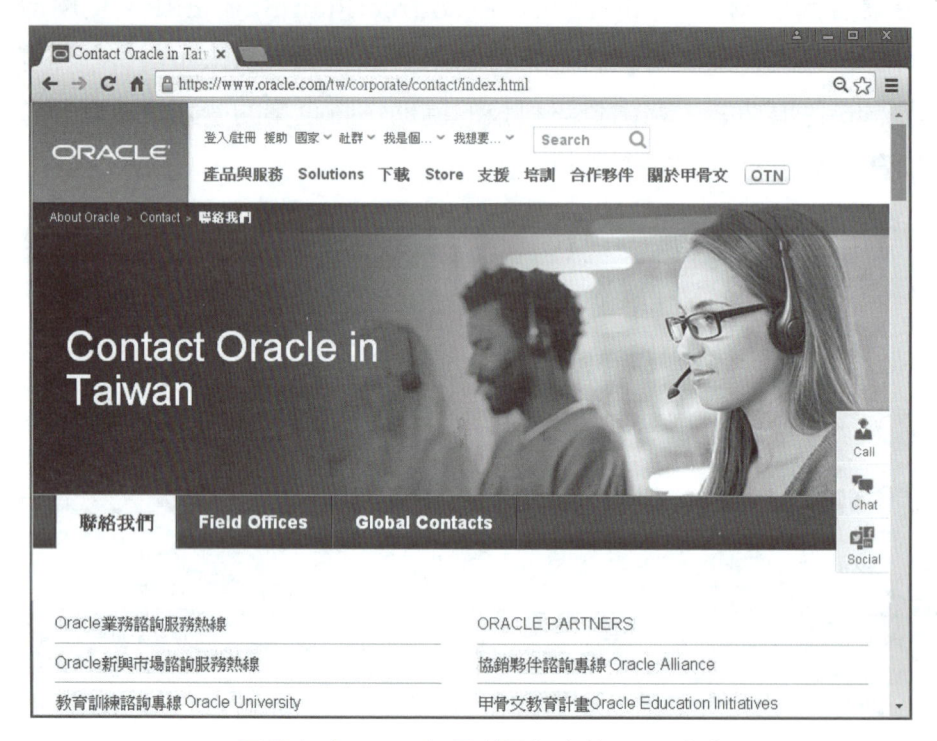

● 甲骨文（Oracle）是世界知名的 ERP 大廠

1 全面性導入方式

對於一般企業選擇的導入方式來說，最普遍的方式莫過於全面性導入，將企業內的系統一次淘汰，直接採用整套 ERP 系統，指的是公司各部門全面同時導入，藉由這樣大幅度的改變，調整組織的營運方式與人員編制。全面性導入的好處是一次可以解決所有問題，同步達到企業流程再造的目標，但一次全面性導入的風險較高，也有可能造成企業內部產生嚴重的整合危機。

2 漸近式導入方式

　　漸近式導入方式是將系統劃分為多個模組，主要是選擇企業的一個事業單位或部門，每次導入少數幾個模組或一次將所需要的模組導入，導入的時間相對較短，好處是可以讓企業逐步習慣新系統的作業方式，等到系統運作順暢後，再開始進行企業全面性的導入，因此可以降低不必要的風險，缺點是必須等待所有部門逐步導入後，才有一套整合性 ERP 系統，可能消耗較多的時間成本。

3 快速導入方式

　　有時候 ERP 系統廠商提供的解決方案可以依據某些作業需求來做規劃，例如選擇導入財務、人事、生產、製造、庫存、配銷系統等部分模組，等到將來有需要時，再逐步將其他模組導入，最後推廣到全公司。優點是如此可達到快速導入的需求，由於導入的眼光只侷限在單一模組，缺點是缺乏整體規劃的風險，可能有見樹不見林的副作用。

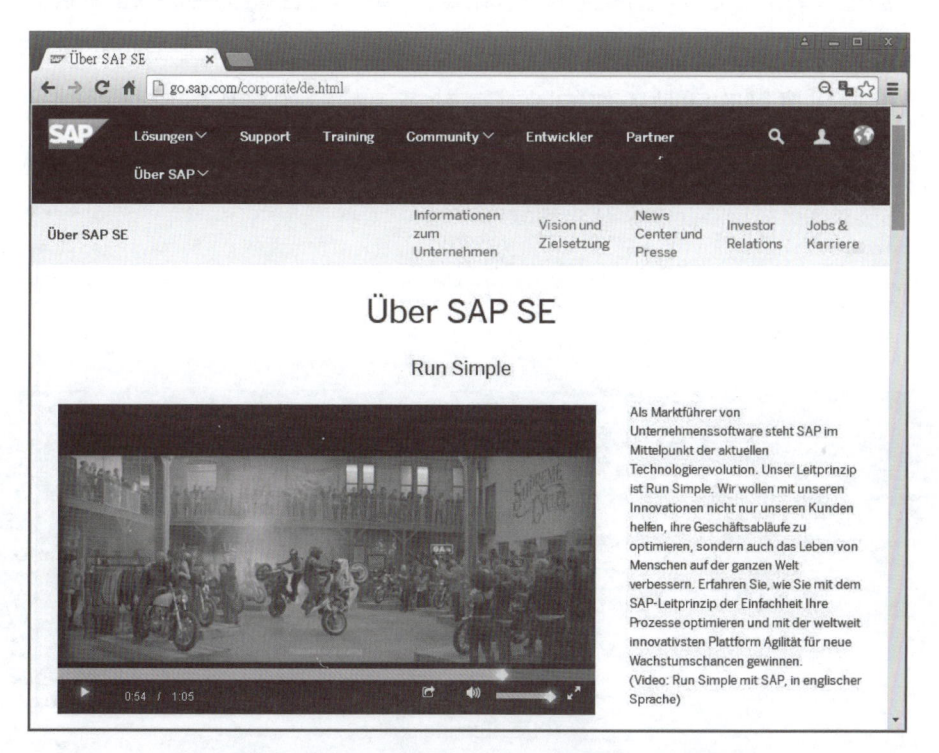

● 思愛普（SAP）是全球 ERP 軟體的市場領導者

4-4 供應鏈管理（SCM）

在電子商務高度發展的時代，隨著全球化原物料價格上漲與商品型態的改變，供應鏈則將需求導向奉為圭臬，講究的是速度與反應。過去是企業與企業之間的競爭，到了今天已經延伸為供應鏈（Supply Chain）對供應鏈的競爭。當供應鏈內的成員越來越多元，這時資訊科技的進步為供應鏈發展帶來助力，供應鏈管理（Supply Chain Management, SCM）在近年來被視為提升企業競爭力的重要基礎之一。

> **TIPS**
> 供應鏈（Supply Chain）就是產品從製造端到消費端的過程，包含原物料取得、製造、倉儲與配送等，範圍包括上游供應商、製造商到下游分銷商、零售商，以及最終消費者等成員。

供應鏈管理（SCM）是 1985 年由邁克爾‧波特（Michael E. Porter）提出，主要是關於企業用來協調採購流程中關鍵參與者的各種活動，範圍包含採購管理、物料管理、生產管理、配銷管理與庫存管理乃至供應商等方面的資料予以整合，並且針對供應鏈的活動所作的設計、計畫、執行和監控的整合活動。

● 戴爾（Dell）公司的供應鏈管理是全球的典範

4-4-1 供應鏈管理的優點

供應鏈管理（SCM）的目標是在提升客戶滿意度、降低公司的成本及讓企業流程品質最優化的三大前提下，希望能達到對於買方而言，可以降低成本，提高交貨的準確性。對於賣方而言，能消除不必要的倉儲與節省運輸成本，強化企業供貨的能力與生產力。簡單來說，供應鏈管理使供應鏈成為具有高競爭力的供應鏈系統，會為企業帶來以下三項優點：

1 降低採購成本

在整個供應鏈管理系統中，能夠適時從最適當的供應商中提供精確數量且符合要求的產品，不但能夠有效管理採購部門，更能發展企業整合性之採購策略，提前預估進貨量，縮短供應鏈流程的時間，達到採購成本競爭優勢的目標。

2 提升產銷合作效能

未來是供應鏈競爭的時代，彈性與速度是企業賴以生存的重要關鍵要素，企業更可藉由供應鏈管理的參與，將整個供應鏈上的資訊透明化，容易與上下游及供應商間做資訊的交換與整合，有效提高產能與物流通路訊息透明化，也可縮短產品上市時間，大幅提升產銷合作效能。

3 減少長鞭效應

由於全球化的趨勢，產業的供應鏈有結構性的轉變，當發生任何供需變化時，就會造成供需無法協調的情況，而使得供應鏈管理變得更加困難。透過高效能的供應鏈管理系統，有效的傳達市場需求訊息，直接降低企業的庫存成本，能夠解決長鞭效應的困境。

> **TIPS**
>
> 長鞭效應（Bullwhip Effect）是在描述供應鏈環境下，把整個供應鏈比喻做一條鞭子，整個供應鏈從顧客到生產者之間，當需求資訊變得模糊而造成誤差時，隨著供應鏈越拉越長，波動幅度愈大。

4-5 顧客關係管理（CRM）

自從網際網路應用於商業活動以來，改變全球企業經營模式，企業必須體認到企業經營的最終目的不僅是向消費者行銷，而是隨時維持與顧客間的關係。面對全球化與網路化的競爭趨勢，從企業的角度來說，顧客的使用經驗透露出許多珍貴的商業訊息，為了建立良好的關係，企業必須不停地與顧客互動，在現代採用顧客關係管理來管理顧客互動，也是獲得顧客忠誠的最重要行銷策略。

「美好的顧客體驗」背後關鍵是完善的客戶關係管理，想要擁有忠誠的顧客，唯一的解決之道就是「顧客關係管理」。顧客是企業的資產也是收益的來源，市場是由顧客所組成，網路行銷不但是開始建立顧客關係的一種工具，現代許多企業越來越重視「顧客關係管理」（Customer Relationship Management, CRM）的範疇，而顧客關係管理是一項經營管理的概念。

● 博客來的顧客關係管理系統相當成功

▶ 4-5-1 顧客關係管理簡介

顧客關係管理（CRM）是由 Brian Spengler 在 1999 年提出，最早開始發展顧客關係管理的國家是美國。CRM 的定義是指企業運用完整的資源，以客戶

為中心的目標,讓企業具備更完善的客戶交流能力,透過所有管道與顧客互動,並提供適當的服務給顧客。

對於一個現代企業而言,贏得一個新客戶所要花費的成本,幾乎就是維持一個舊客戶的五倍,留得愈久的顧客,帶來愈多的利益。小部分的優質顧客提供企業大部分的利潤,這個發現通常被稱為 80-20 法則（80-20）,也就是 80% 的銷售額或利潤來自於 20% 的顧客。CRM 集中管理顧客資料並分析其行為,在對的時間及管道推薦合適資訊,有效提升顧客黏著度及回購率,所以 CRM 不僅僅是一種以客戶為導向的管理工具,好處不只有降低行銷成本,更是品牌成長的關鍵,當然也是一種品牌戰略思維的參考工具。

> **TIPS**
> 許多企業往往希望不斷的拓展市場,經常把焦點放在吸收新顧客上,卻忽略原有的舊客戶,如此一來,也就是費盡心思地將新顧客拉進來時,被忽略的舊用戶又從後門悄悄地溜走了,這種現象便造成所謂的「旋轉門效應」（Revolving-door Effect）。

▶ 4-5-2 關係行銷

●王品集團建立了相當完善的關係行銷制度

傳統企業面對顧客的方式是採用「大眾行銷」（Mass Marketing）的態度，是一種運用行銷媒體，針對廣大的顧客群進行行銷活動。從網路行銷的角度來說，現代企業已經由傳統功能型組織轉為網路型的組織，特別是在網路行銷時代，企業為了提高行銷的附加價值，開始對每個顧客量身打造產品與服務，塑造個人化服務經驗與採用「差異化行銷」（Differentiated Marketing），蒐集並分析顧客的購買產品與習性，了解每一位顧客的個別偏好，一一滿足他們的需要，再針對不同顧客需求提供產品與服務，為顧客提供量身訂做式的服務，最後進而創造出以「關係行銷」（Relationship Marketing）為行銷的核心價值，精準將行銷資源投注於最有價值及發展的客戶群。

隨著新顧客的獲客成本逐漸上升，店家或品牌想在高度競爭的市場中生存，必須體認到除了在行銷面持續升級外，勢必得回歸「以顧客為本」的經營守則，全面爭取持續性的關係行銷機會。所謂「關係行銷」（Relationship Marketing）是以一種建構在「彼此有利」為基礎的觀念，強調銷售是關係的開始，而非交易的結束，發展出了解顧客需求，而進行顧客服務，以建立並維持與個別顧客的關係，謀求雙方互惠的利益。關係行銷的目標是要與顧客建立長期關係，滿足與超越顧客需求是建立顧客關係的重要手段，想要創造顧客價值，首先需要了解顧客的需求與使用經驗，這些相關訊息可能透露出其個性、偏好程度、消費習慣等，同時收集顧客問題與心得，再設計最適當的流程與顧客接觸，然後運用顧客資料庫的大量資料，以便對顧客有更精確的區隔，不同區隔的顧客予以不同的待遇，建立完整顧客資料庫，掌握顧客全貌，而使得所有顧客關係的總價值極大化。

> **TIPS**
>
> 資料倉儲（Data Warehouse）於 1990 年由 Bill Inmon 首次提出，是以分析與查詢為目的所建置的系統，目的是希望整合企業的內部資料，並綜合各種外部資料，經由適當的安排來建立一個顧客資料儲存庫。
>
> 資料探勘（Data Mining）則是一種資料分析技術，可視為資料庫中知識發掘的一種工具，可以從一個大型資料庫所儲存的資料中萃取出有價值的知識，廣泛應用於各行各業中，現代商業及科學領域都有許多相關的應用。

4-6 知識管理

知識管理最早的概念是源自杜拉克（Peter F. Drucker）（1993）提出知識創造財富論述後，曾清楚指出要在知識經濟時代創造財富，首先必須建立在知識的創造、流通與運用。在日益龐大的資訊流衝擊之下，如何有效管理並從中獲取自己所需知識，重要性已經凌駕於土地、資金等傳統生產要素之上。知識資本將成為二十一世紀先進國家的經濟主體，唯有不斷的創新開發知識，才能使國家經濟與企業發展立於領先的地位。

4-6-1 知識管理分類

知識管理是網路時代的新興管理模式，以知識與管理為核心，結合科技、創新、網路競爭力等元素的新經濟模式，主要是管理企業中的知識，也就是企業透過正式途徑收集並分享智慧資產來獲得生產力的突破，它涉及創新、萃取與整合知識，不僅包含取得與應用知識，還必須加以散布與流通，使其能創造企業競爭優勢，凡是能有效增進知識資產價值的活動，均屬於知識管理的內容。Michael Polanyi 是最早於 1966 年將知識區分為內隱知識（Tacit Knowledge）與外顯知識（Explicit Knowledge），分別說明如下：

1 內隱知識

存在於個人身上，源自於個人認知的主觀知識，較無法用文字或句子表達的知識，包含認知及技能兩種面向，特別是與員工個人的經驗與技術有關，也往往是企業競爭力的重要來源，例如醫師長期累積對於疾病的診斷與用藥的知識。

2 外顯知識

存在於組織中，是一種具備條理及系統化的知識，可以利用文字和數字來表達，屬於企業或團體共有的知識，不論是傳統書面文件，或電子化後的檔案，或者是已經書面化製造程序，特性是相對容易保存、複製與分享給他人，且可以透過正式形式及系統性傳遞的知識。

電子商務的風行為企業實行知識管理創造條件，知識經濟時代的企業經營特徵，主要顯現在知識取代傳統的有形資產，企業未來務必把知識管理（Knowledge Management, KM）和電子商務緊密結合起來，因此讓企業從市場和客戶那裡所獲得知識的共享機制變得十分重要。

Chapter 4 ◆ 重點整理

1. 企業電子化（electronic - Business）是將企業內部資訊化過程與企業管理融合為一，可以提供電子商務領域中整合性的管理目的。

2. 資訊系統（Information System）就是幫助企業內員工收集、儲存、組織整理及使用資訊的一套機制與軟體系統，從早期單純的作為資料處理的工具，到今日支援企業電子化工作，甚至於協助高層管理者應用充份資訊來進行決策活動與創造競爭優勢。

3. 決策支援系統（Decision Support System, DSS）的主要特色是利用「電腦化交談系統」（Interactive Computer-based system）協助企業決策者使用「資料與模式」（Data and Models）來解決企業內的各種商務判斷問題。

4. 商際網路（Extranet）則是為企業上、下游各相關策略聯盟企業間整合所構成的網路，通常 Extranet 是屬於 Intranet 的子網路。

5. 企業流程再造（BPR）的目的是為了因應企業競爭環境不斷變遷，傳統企業所隱藏的不景氣問題，藉由結合組織策略與資訊科技、建立或重整跨功能的企業流程，並靠企業流程再造以降低營運成本、提昇產業競爭力、提高客戶滿意度來永續經營。

6. 企業資源規劃（Enterprise Resource Planning, ERP）是屬於企業一種資訊軟體的解決方案，可以將企業行為用資訊化的方法來規劃管理，並提供企業流程所需的各項功能，藉由資訊科技的協助，將企業的營運策略與經營模式導入整個以資訊系統為主幹的企業體中。

7. ERP 全面性導入的好處是一次可以解決所有問題，同步達到企業流程再造的目標，但一次全面性導入的風險較高，也有可能造成企業內部產生嚴重的整合危機。

8. 供應鏈（Supply Chain）就是產品從製造端到消費端的過程，包含原物料取得、製造、倉儲與配送等，範圍包括上游供應商、製造商到下游分銷商、零售商，以及最終消費者等成員。

9. 供應鏈管理（SCM）是 1985 年由邁克爾‧波特（Michael E. Porter）提出，主要是關於企業用來協調採購流程中關鍵參與者的各種活動。

10. 長鞭效應（Bullwhip Effect）是在描述供應鏈環境下，會發生供應鏈成員訂購產品數量隨著供應鏈層級提升而放大的現象，也就是把整個供應鏈比喻做一條鞭子，整個供應鏈從顧客到生產者之間，當需求資訊變得模糊而造成誤差時，隨著供應鏈越拉越長，波動幅度愈大。

11. 顧客關係管理（CRM）是由 Brian Spengler 在 1999 年提出，最早開始發展顧客關係管理的國家是美國。CRM 的定義是指企業運用完整的資源，以客戶為中心的目標，讓企業具備更完善的客戶交流能力，透過所有管道與顧客互動，並提供適當的服務給顧客。

12. 許多企業往往希望不斷的拓展市場，經常把焦點放在吸收新顧客上，卻忽略原有的舊客戶，如此一來，也就是費盡心思地將新顧客拉進來時，被忽略的舊用戶又從後門悄悄地溜走了，這種現象便造成了所謂的「旋轉門效應」（Revolving-door Effect）。

13. 關係行銷（Relationship Marketing）是以一種建構在「彼此有利」為基礎的觀念，強調銷售是關係的開始，而非交易的結束，發展出了解顧客需求，而進行顧客服務，以建立並維持與個別顧客的關係，謀求雙方互惠的利益。

14. 知識管理最早的概念是源自杜拉克 Drucker（1993）提出知識創造財富論述後，曾清楚指出要在知識經濟時代創造財富，首先必須建立在知識的創造、流通與運用。

15. Michael Polanyi 是最早於 1966 年將知識區分為內隱知識（Tacit Knowledge）與外顯知識（Explicit Knowledge）。

Chapter 4 ◆ 學習評量

一、選擇題

(　　) 1. 下列哪項功能是指經由網路與資料庫的結合，以線上交易的方式處理一般即時性的作業資料？
(A) 資料倉儲（Data Warehouse）
(B) 資料探勘（Data Mining）
(C) 線上分析處理（OLAP）
(D) 線上交易處理（OLTP）

(　　) 2. 下列哪種系統對企業的效益著重在創造企業營收目標，可以說是屬於開源的系統？
(A) ERP　(B) CRM　(C) SCM　(D) BPR

(　　) 3. 下列哪種CRM系統是透過一些功能組件與流程的設計，整合企業與客戶接觸與互動的管道，用來建立企業與其顧客間超越交易的長期夥伴關係？
(A) 操作型 CRM 系統　　　　　(B) 協同型 CRM 系統
(C) 分析型 CRM 系統　　　　　(D) 綜合型 CRM 系統

(　　) 4. 下列哪種效應是在描述供應鏈環境下，會發生供應鏈成員訂購產品數量隨著供應鏈層級提升而放大的現象？
(A) 旋轉門效應　(B) 長鞭效應　(C) 長尾效應　(D) 互抵效應

(　　) 5. 企業電子化可以視為一個全面性整合與創新的過程，不但可以協助企業達成營運模式的創新，並且成為增加未來核心競爭力的利器，應用範圍主要包括下列何者？
(A) ERP　(B) SCM　(C) CRM　(D) 以上皆是

二、問答題

1. 試簡述「企業電子化」的目標。

2. 試簡述企業內網路（Intranets）、商際網路（Extranets）。

3. 試簡述企業資源規劃（ERP）的內容。

4. 試簡述供應鏈（Supply Chain）。

5. 試簡述供應鏈管理（SCM）。

6. 何謂顧客關係管理（CRM）？

7. 何謂關係行銷（Relationship Marketing）？

8. 何謂長鞭效應（Bullwhip Effect）？

9. 知識管理的分類有哪些？

近年來全球吹起網際網路的風潮，從電子商務網站到企業的形象網頁，各式各樣的網站多如過江之鯽，一瞬間幾乎所有的資訊都連上網際網路。對企業而言，越來越多的全球化競爭下，網站設計與推廣也更為重要。企業如何開發出符合消費者習慣的介面與系統機制，成為學習電商網站架設的一大課題，也是電商從業人員的一門重要課題。

◀ PChome 購物網是人氣網站

Chapter 5

電商網站設計入門

電商網站的功能關係到電商業務能否具體成功,一個好的網站不只是局限於有動人的內容、網站設計方式、編排和載入速度、廣告版面和表達形態都是影響訪客抉擇的關鍵因素。本章中將會跟各位討論目前網站設計的相關重要概念與技術。

▌學習焦點

- 網站設計流程
- 架站方式選擇
- 架站相關技術
- Dreamweaver CC
- HTML/HTML5
- XML
- CSS
- 響應式網頁設計(RWD)
- osCommerce

5-1 網站設計流程

網站設計也必須看成是整體電子商務流程的一環,要怎麼開發出符合消費者習慣的介面與系統機制,絕對是考量電商網站設計前的一大課題。所謂網站(Website)就是用來放置網頁(Page)及相關資料的地方,當使用工具設計網頁之前,必須先在自己的電腦上建立一個資料夾,用來儲存所設計的網頁檔案,而這個檔案資料夾就稱為「網站資料夾」。至於網站中瀏覽者最先看到網頁稱為首頁(Homepage),其他的頁面則稱為網頁(Page)。

● 網拍能實現在網路上開家小店的美夢

首先,簡單說明網站與網路彼此的架構關係,主要是由伺服器端的網站與客戶端的瀏覽器兩個部分來組成;伺服器網站主要提供資訊服務,而客戶端瀏覽器則是向網站提出瀏覽資訊的要求。在客戶端所看到的網頁內容是利用 HTML 標籤所編寫而成,其副檔名為 *.html。

● 網路上有數以十億計的網站

由於都是透過 HTML 標籤來設計網站，為了在數以億計的網站中瞬間找到特定的網頁，必須靠「資源定址器」，也就是常說的 URL（Uniform Resource Locator）位址，瀏覽者在網址列輸入特定網址後，它會在全球資訊網上進行搜尋，然後依序找到網站伺服器、其下的網站資料夾及網頁檔案，然後將該檔案呈現於瀏覽器上：

> **TIPS**
> URL 全名是全球資源定址器（Uniform Resource Locator），主要是在 WWW 上指出存取方式與所需資源的所在位置來享用網路上各項服務。使用者只要在瀏覽器網址列上輸入正確的 URL，就可以取得需要的資料，例如「http://www.yahoo.com.tw」就是 Yahoo! 奇摩網站的 URL。

對於初學網站設計的人來說，要設計一個完整的網站內容並不困難，不過得按部就班來進行，接下來將會對電商網站製作與規劃作完整說明。

▶ 5-1-1 構思階段

網站設計就好比專案製作一樣，必須經過事先的詳細構思及討論，才能藉由團隊合作的力量，將網站成果呈現出來。構思階段的工作是在擬定主題、規劃架構、或是搜集資料等。「網站主題」是指網站的內容及主題訴求，也就是必須思考網站是屬於哪一種類型的網站？接下來是考慮網站要提供哪一方面的資訊或服務？這樣的資訊或服務，是否會引起瀏覽者的興趣？網站的特色在哪裡？這樣的特色是否可以吸引大家上網購買？諸如此類的問題，都必須在擬定主題時就要考慮進去，等確定好網站的定位和主題，再依照網站的目的去規劃內容。

電子商務實務與 ChatGPT 應用

1 具有線上購物機制的商品網站

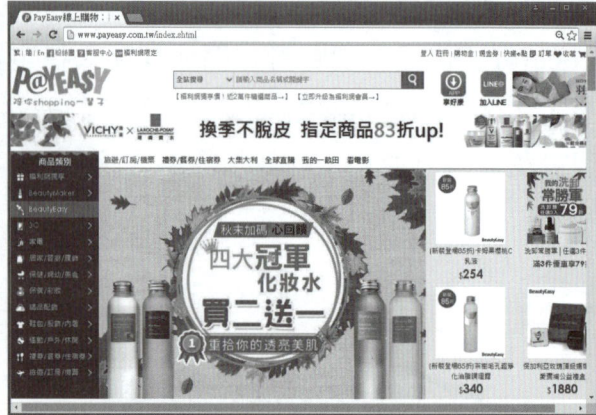

2 服務提供者（Service Provider）類型網站

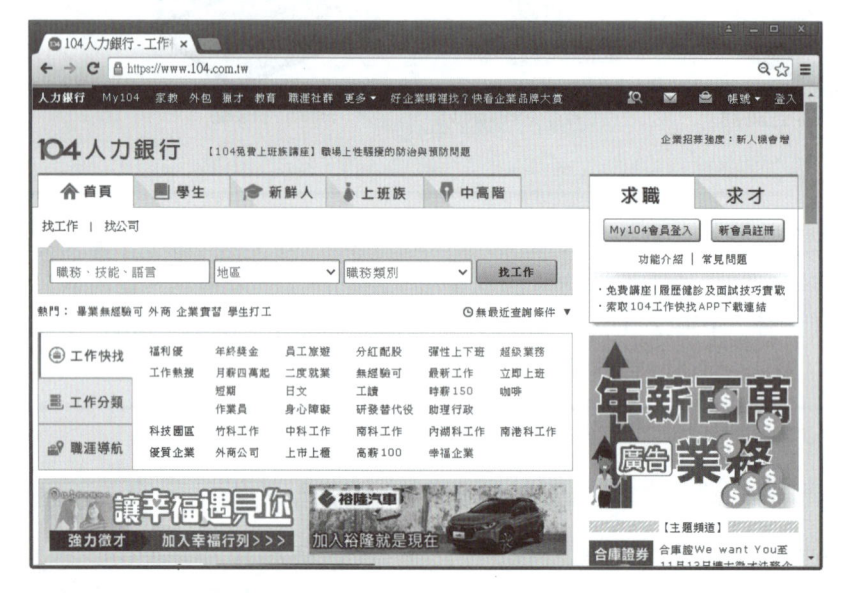

3 提供旅遊資訊查詢的網站

網站主題和定位確定之後，接下來就是蒐集相關資料，例如：圖片、音檔、視訊影片等，資料收集得越多，相對地網站內容可能會越完備。但是所收集到的資料必須經過整理和去蕪存菁的過程，這樣才不會讓網站變成大雜燴。

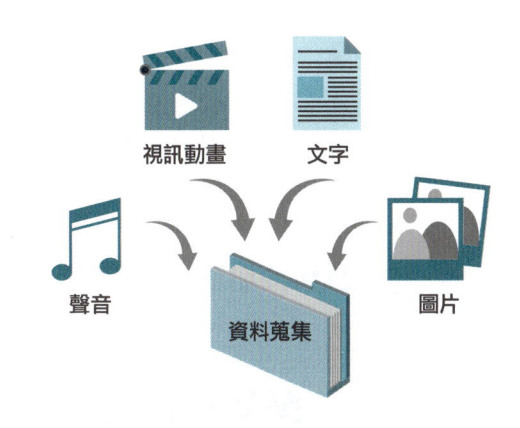

▶ 5-1-2 設計階段

接下來的步驟便是根據所規劃的網站架構來進行網站的設計與製作，例如根據資料類型及內容來規劃網站的架構圖。此階段還必須要考慮到操作的方便性及導覽的流暢性，因此，是否有分割視窗的打算？如何切割網頁？或是利用多層次選單的方式來呈現各主題？或是以單一層次的選單來呈現等，都必須審慎考慮。寧可先在紙張上畫出草圖，嘗試各種架構的呈現方式，而透過如下的網站架構圖，各位也可以清楚看到主從的關係：

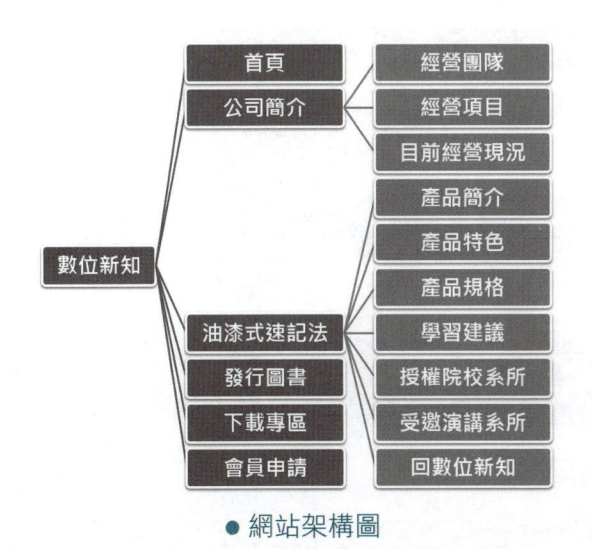

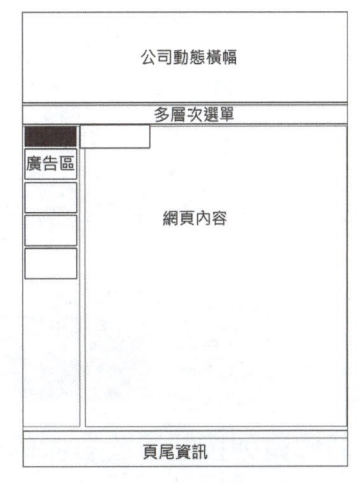

● 網站架構圖　　　　　　　　　● 網頁版面草圖

通常不同的主題就有不同的版面編排方式，只要是能呈現主題風格與方便瀏覽者閱讀，就是一個好的編排方式。電商網站給人的第一印象非常重要，尤其是「首頁」（Home Page）與「到達頁」（Landing Page）。首頁的畫面效果若是精緻細膩，瀏覽者就有意願進去了解。不過一些重要的資訊可不能遺漏，像是公司的標誌及聯繫資訊（住址、電話號碼、email等）、網站所能提供的各項服務，以及最新的訊息消息，通常都會放置在首頁上。

> **TIPS**
> 到達頁（Landing Page）就是使用者按下廣告後到直接到達的網頁，到達頁和首頁最大的不同，就是到達頁只有一個頁面就要完成讓訪客馬上吸睛的任務，通常這個頁面是以誘人的文案請求訪客完成購買或登記。

1　將導覽列按鈕置於上方的頁面佈局

2　上方和左側都有導覽按鈕的存在

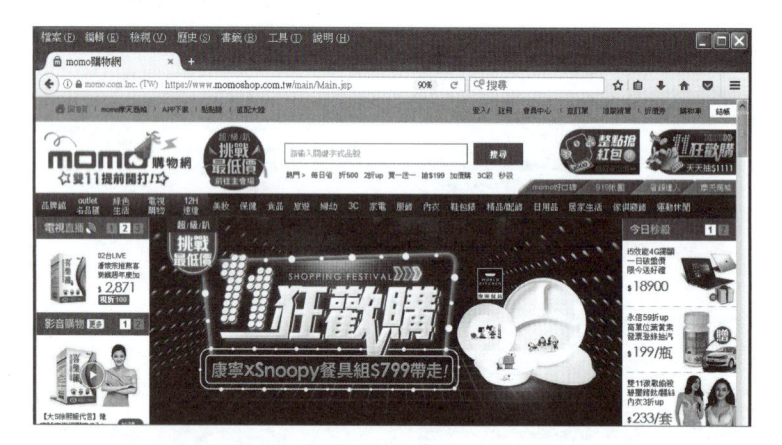

3　將導覽列按鈕置於右側的頁面佈局

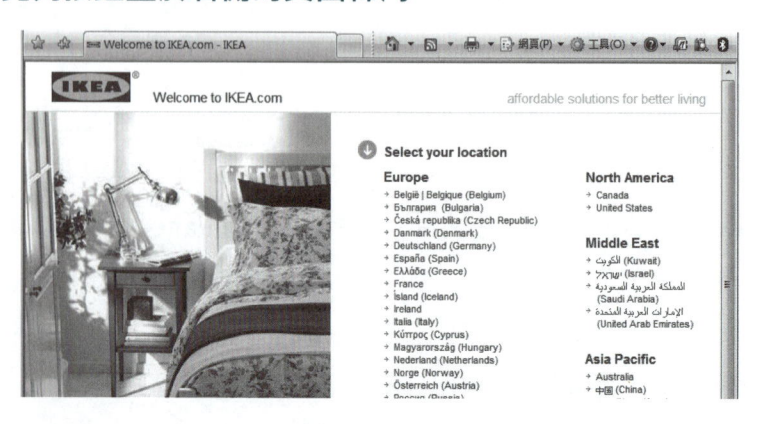

5-1-3 上傳與推廣階段

網站完成之後,最大的快樂莫過於和他人分享,而且希望網站的點閱率越高越好。在本機複本上完成所有的檢測動作後,接下來準備上傳檔案至伺服器,正式將網站發佈出去。上傳後仍需再次做檢測的工作,以確定網站的顯示一切正常。

目前架站使用的方式有「自行架設伺服器」、「虛擬主機」及「申請網站空間」等三種方式可以選擇。如果覺得自行架設伺服器的費用太高,可以考慮使用「虛擬主機」的方式,只要負擔些許的維護及更新的成本,就可以擁有獨立的 IP 和網址。如果沒有專用的網站空間,也可以上網尋找免費的網站空間,只要根據指示輸入個人相關資料,並成為該網站的會員,就能讓網站有棲息之地。

> **TIPS**
>
> 「虛擬主機」(Virtual Hosting)功能是網路業者將一台伺服器分割模擬成為很多台的虛擬主機,讓很多個客戶共同分享使用,平均分攤成本,也就是請網路業者代管網站的意思,對使用者來說,就可以省去架設及管理主機的麻煩。

網站上傳後,當然是希望大家都來瀏覽網頁,分享網站的成果。因此,各位可以廣發 E-mail 來通知親朋好友,歡迎他們光臨。另外,也不要忘了到各大搜尋引擎去作登錄的動作,因為一般人上網找資料時,通常都會在 Google 或奇摩 Yahoo 等入口網站上打入要搜尋的類別,再依序找到自己想要的資料。此外,時時將最新的網頁技術運用到網站中,且每隔一段時間就對頁面設計做一次小翻新,如此才能保持新鮮感,以滿足瀏覽者的好奇心。

1 提供虛擬主機服務廠商

5-2 認識架站相關技術

開發電子商務網站需要許多相關開發工具的支援，開始開發網站之前，最重要的事就是安裝適合的開發工具和軟體將可以讓自己事半功倍，當然網站設計技術的種類也不斷地推陳出新，在此我們要來介紹一些常見的工具與技術。

> **TIPS**
>
> UI（User Interface，使用者介面）與 UX（User Experience，使用者體驗）的話題成為近年來網頁設計的焦點，UI 是一種虛擬與現實互換資訊的橋樑，算是一個用來和電腦做溝通的工具，以便讓瀏覽者輕鬆取得網頁上的內容。瀏覽者在利用 UI 介面取得網站資訊的過程中，所產生的經驗與感受則是 UX，UX 是建構在使用者的需求之上，主要考量點是「產品用起來的感覺」。

▶ 5-2-1 Dreamweaver CC

Dreamweaver 是一種網頁編輯程式，因為它可以讓網頁設計師在不需要編寫 HTML 程式碼的情況下，透過「所見即所得」的方式，輕鬆且快速地編排網頁版面。對於程式設計師而言，也可以透過程式碼模式來快速編修網頁程式。此外，它也能輕鬆整合外部的檔案或程式碼，且網頁上傳功能也相當的安全，所以目前已成為網站開發人員在設計網站時的最佳選擇工具。在目前 Creative Cloud 版本中，安裝程式的方式跟以往有所不同，往昔都是透過光碟片來安裝程式，現在則是透過雲端程式來下載軟體，想要使用 Adobe Dreamweaver CC 程式，首先必須到 Adobe 網站申請並擁有一組 Adobe ID 和密碼，透過此組帳戶和密碼，才可進行 Adobe Creative Cloud 程式的下載。

Adobe ID 通常為個人的電子郵件地址

密碼自訂

首先映入各位眼前的是「歡迎畫面」，歡迎畫面中主要包括如下幾項內容：

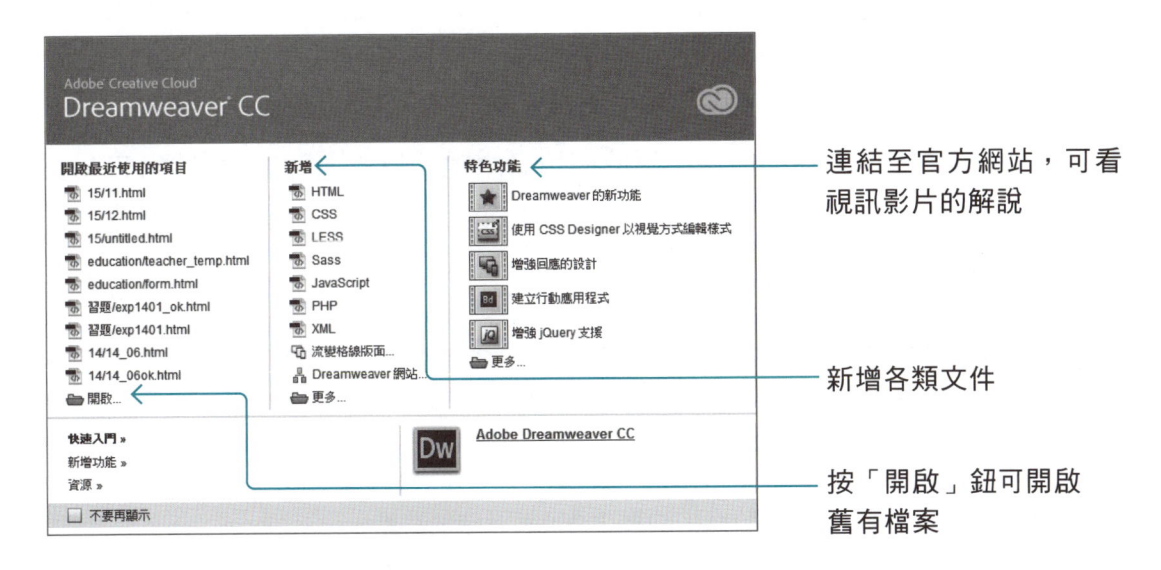

- 連結至官方網站，可看視訊影片的解說
- 新增各類文件
- 按「開啟」鈕可開啟舊有檔案

▶ 5-2-2 HTML/HTML5

全世界的網頁眾多，為了讓網頁上的資訊、版面能夠在各種作業系統、瀏覽器上獲得一致的顯示結果，全球資訊網協會（W3C）制定了標準規範讓網頁開發人員能遵循的網頁標準語言 -HTML。HTML（Hypertext Markup Language）標記語言是一種純文字型態的檔案，以一種標記的方式來告知瀏覽器將以何種方式來將文字、圖像等多媒體資料呈現於網頁之中。通常要撰寫網頁的 HTML 語法時，只要使用 Windows 預設的記事本即可。以下是 HTML 與語法結果圖：

```
<Html>
<Body>
<Table Border="1">
<Tr>
    <Td><Img Src="pic1.tif"></Td>
    <Td><Img Src="pic2.tif"></Td>
</Tr>
<Tr>
    <Td> 圖片一
    </Td>
    <Td> 圖片二
    </Td>
</Tr>
<Table>
</Body>
</Html>
```

全球資訊網協會（W3C）在 2009 年發表了「第五代超文本標示語言」（HTML5）公開的工作草案，是目前現代瀏覽器必定要支援的最新網路標準，透過 HTML5 的發展，將是網路上的影音播放、工具應用的新主流。HTML5 與 HTML4 在架構上有很大的不同，但是基本的標記語法並沒有很大的改變，特別是在錯誤語法的處理上更加靈活。對於使用者來說，只要瀏覽軟體支援 HTML5 就可以享受 HTML5 的特殊功能，透過 HTML5 的發展，將是網路上的影音播放、工具應用的新主流。

> **TIPS**
> XML（eXtensible Markup Language, XML）中文譯為「可延伸標記語言」是一種專門應用於電子化出版平台的標準文件格式。XML 格式類似 HTML，與 HTML 最大的不同在於 XML 是以結構與資訊內容為導向，由標籤定義出文件的架構，像是標題、作者、書名等，補足 HTML 只能定義文件格式的缺點。

▶ 5-2-3 CSS

製作網頁最讓人困擾的莫過於繁瑣的樣式設定，不管是文字樣式、行距、段落間距或表格樣式等等都必須逐一設定，如果想要讓每個網頁的格式統一，又是另一項艱鉅的工程。W3C 組織有鑑於此，擬定出的一套標準格式，也就是「CSS 樣式表」，讓我們只要在既有的 HTML 語法中，加上一些簡單的語法，就能輕鬆達到控制文字或元件外觀，建立出統一風格的網站。

CSS 的全名是 Cascading Style Sheets，一般稱之為串聯式樣式表，其作用主要是為了加強網頁上的排版效果（圖層也是 CSS 的應用之一），可以用來定義 HTML 網頁上物件的大小、顏色、位置與間距，甚至是為文字、圖片加上陰影等功能。具體來說，CSS 不但可以大幅簡化在網頁設計時對於頁面格式的語法文字，更提供比 HTML 更為多樣化的語法效果。

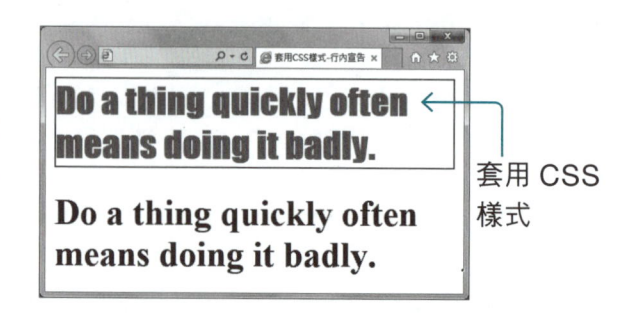

各位可以看到，上例的 HTML 文件中有兩個 <h1> 標記，第一個 <h1> 標記在行內宣告 CSS 樣式，第二個 <h1> 標記保持原形，所以網頁上就有兩種不同樣式的呈現。

▶5-2-4 響應式網頁設計（RWD）

在網站設計方面，由於跨裝置購買的行為已成為世界的潮流，網站設計也必須針對不同媒介來進行視覺設計。除了網頁版的介面設計，設計師也必須同時考量到平板電腦與智慧型手機的視覺呈現效果。響應式網頁設計（Responsive Web Design, RWD）開發技術已成為新一代的設計趨勢，它能夠對行動裝置用戶提供最佳的視覺體驗，其原理是使用 CSS3 以百分比方式進行網頁畫面的設計，自不同解析度下自動調整網頁頁面的佈局，讓不同裝置都能以最適合閱讀的網頁格式瀏覽同一網頁，給任何的使用者最佳的瀏覽狀態。基本上它是使用同一個原始碼與網址，再依照裝置的螢幕寬度進行網頁變更，缺點是有時會傳送多餘的資料。

● 同樣網站資訊在不同裝置必須顯示不同介面，以符合使用者需求

▶5-2-5 JavaScript

JavaScript 是一種直譯式（Interpret）的描述語言，是在客戶端（瀏覽器）解譯程式碼，內嵌在 HTML 語法中，當瀏覽器解析 HTML 文件時就會直譯 JavaScript 語法並執行，JavaScript 不只能隨心所欲控制網頁的介面，也能夠與其他技術搭配做更多的應用。

由於是將執行結果呈現在瀏覽器上,所以不會增加伺服器的負擔,輕輕鬆鬆就能製作出許多精采的動態網頁效果。JavaScript 之前常被誤解是粗糙且過於簡單的語言,直到近幾年「物聯網」被炒的火熱,程式設計師能搭配 JavaScript 語法控制物聯網的裝置。JavaScript 的程式碼直接寫在 HTML 文件裡:

```html
<!DOCTYPE html>
<html>
<head>
<meta charset=" utf-8">
<title>ch03_01</title>
<script>
    alert(" 歡迎光臨 !");
</script>
</head>
<body>
JavaScript 好簡單!
</body>
</html>
```

執行結果:

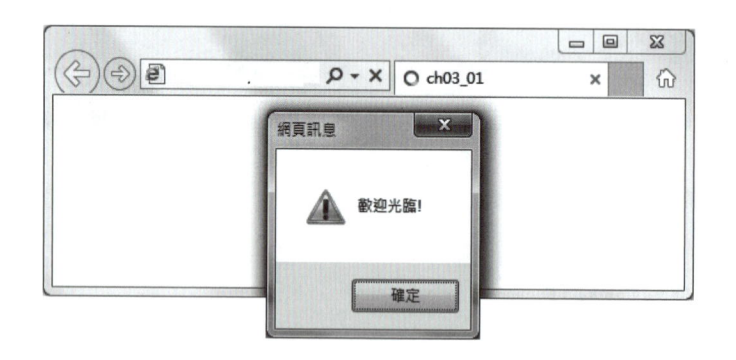

TIPS

jQuery 是一套開放原始碼的 JavaScript 函式庫(Library),可以說是目前最受歡迎的 JS 函式庫,不但簡化 HTML 與 JavaScript 之間與 DOM 文件的操作,輕鬆選取物件,並以簡潔的程式完成想做的事情,也可以透過 jQuery 指定 CSS 屬性值,達到想要的特效與動畫效果。

5-2-6 osCommerce 架站軟體

osCommerce 為全功能網路開店系統，可以自由下載 / 安裝並使用軟體，也可以根據網站需求來進行修改和發佈，目前支援數十多種語言，包含繁體中文。使用者並不需要撰寫任何程式，可在最短時間裡建立一個購物網站，並支援客戶註冊、購物車、接受客戶意見、支援 SSL 安全機制、自動排列最受歡迎的商品等，也能進行商店管理、產品上架、新增商品類別、增 / 刪商品。

消費者在線上能夠瀏覽和搜尋商品，也能查詢商品資訊、推薦商品、評論商品、進行線上交易並付款，而商家擁有強大的後台管理系統，所有管理工作都可在網站上進行，包含客戶資料、訂單狀況、付款及出貨等。如下所示：

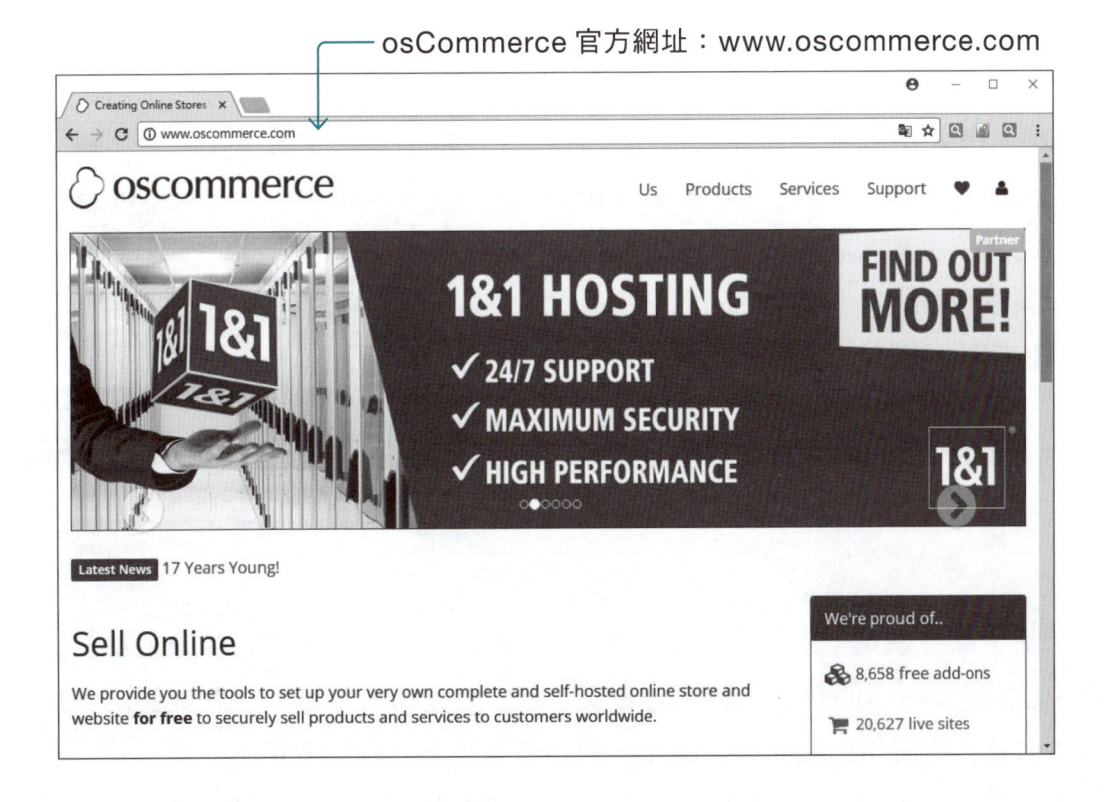

osCommerce 官方網址：www.oscommerce.com

5-3　UI/UX 設計的視角

隨著網站設計的趨勢興起，加上視覺是人們感受事物與參與互動的主要方式，近來在行動載具成為消費者主視覺的戰場，如何設計出讓用戶能簡單上手與高效操作的行動用戶設計的重點，因此對於 UI/UX 話題重視的討論大幅提升。

UI（User Interface，使用者介面）是屬於一人和電腦之間輸入和輸出的互動安排，網站設計應該由 UI 驅動，UI 可以視為是將 UX 理念實踐的美學工程師，因為 UI 才是人們真正會使用的部分，UX（User Experience，使用者體驗）研究所占的角色也越來越重要，UX 的範圍則不僅關注介面設計，更包括所有會影響使用體驗的所有細節，包括視覺風格、程式效能、正常運作、動線操作、互動設計、色彩、圖形、心理等，主要是讓用戶的心理認知產生轉變，是一種無形的設計過程。

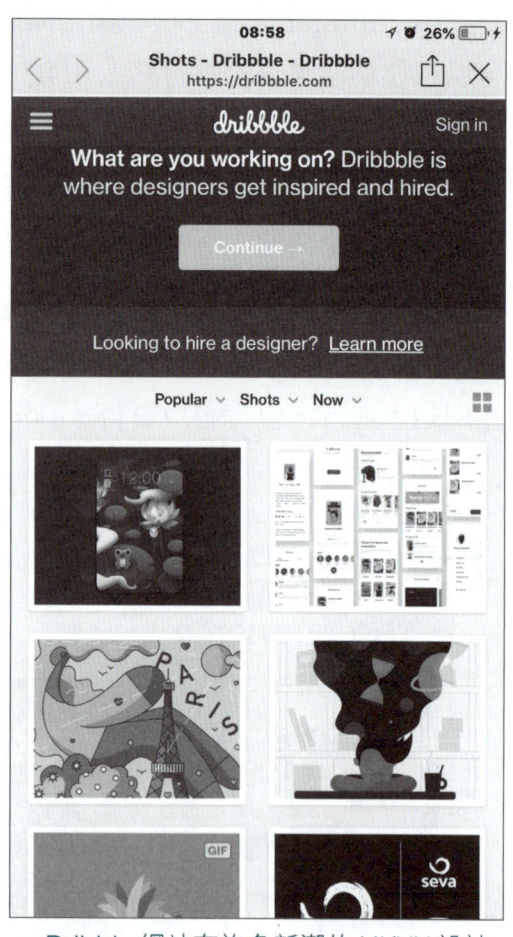

● Dribble 網站有許多新潮的 UI/UX 設計樣品

除了維持網站上視覺元素的一致外，盡可能著重在具體的功能和頁面的設計，UX 研究所占的角色也越來越重要，UX 的範圍則不僅關注介面設計，更包括所有會影響使用體驗的所有細節，包括視覺風格、程式效能、正常運作、動線操作、互動設計、色彩、圖形、心理等。真正的 UX 是建構在使用者的需求之上，是使用者操作過程當中的感覺，主要考量點是「產品用起來的感覺」，目標是要定義出互動模型、操作流程和詳細 UI 規格。通常不同產業、不同商品用戶的需求可能全然不同，就算商品本身再好，如果用戶在與店家互動的過程中，有些環節造成用戶不好的體驗，也會影響到用戶對店家的觀感或購買動機。

Chapter 5 ◆ 重點整理

1. 網站（Website）就是用來放置網頁（Page）及相關資料的地方，當我們使用工具設計網頁之前，必須先在自己的電腦上建立一個資料夾，用來儲存所設計的網頁檔案，而這個檔案資料夾就稱為「網站資料夾」。

2. 網站中瀏覽者最先看到網頁稱為首頁（Home Page），其他的頁面則稱為網頁。

3. 網站主題和定位確定之後，接下來就是蒐集相關資料，諸如：圖片、音檔、視訊影片等，資料收集得越多，相對地網站內容可能會越完備。

4. 電商網站給人的第一印象非常重要，尤其是「首頁」（Home Page）與「到達頁」（Landing Page）。

5. 到達頁就是使用者按下廣告後到直接到達的網頁，到達頁和首頁最大的不同，就是到達頁只有一個頁面就要完成讓訪客馬上吸睛的任務，通常這個頁面是以誘人的文案請求訪客完成購買或登記。

6. 目前架站使用的方式有「自行架設伺服器」、「虛擬主機」及「申請網站空間」等三種方式可以選擇。

7. 虛擬主機（Virtual Hosting）功能是網路業者將一台伺服器分割模擬成為很多台的「虛擬」主機，讓很多個客戶共同分享使用，平均分攤成本，也就是請網路業者代管網站的意思。

8. XML（eXtensible Markup Language, XML）中文譯為「可延伸標記語言」是一種專門應用於電子化出版平台的標準文件格式。

9. UI（User Interface，使用者介面）是一種虛擬與現實互換資訊的橋樑，是真正會使用的部分，它算是一個工具，用來和電腦做溝通，以便讓瀏覽者輕鬆取得網頁上的內容。瀏覽者在利用 UI 介面取得網站資訊的過程中，所產生的經驗與感受則是 UX（User Experience，使用者體驗）。

10. JavaScript 是一種直譯式（Interpret）的描述語言，是在客戶端（瀏覽器）解譯程式碼，內嵌在 HTML 語法中，當瀏覽器解析 HTML 文件時就會直譯 JavaScript 語法並執行，JavaScript 不只能隨心所欲控制網頁的介面，也能夠與其他技術搭配做更多的應用。

11. Dreamweaver 是一種網頁編輯程式，因為它可以讓網頁設計師在不需要編寫 HTML 程式碼的情況下，透過「所見即所得」的方式，輕鬆且快速地編排網頁版面。

12. HTML（Hypertext Markup Language）標記語言是一種純文字型態的檔案，以一種標記的方式來告知瀏覽器將以何種方式來將文字、圖像等多媒體資料呈現於網頁之中。通常要撰寫網頁的 HTML 語法時，只要使用 Windows 預設的記事本即可。

13. CSS 的全名是 Cascading Style Sheets，一般稱之為串聯式樣式表，其作用主要是為了加強網頁上的排版效果（圖層也是 CSS 的應用之一），可以用來定義 HTML 網頁上物件的大小、顏色、位置與間距，甚至是為文字、圖片加上陰影等功能。

14. 響應式網頁設計（Responsive Web Design, RWD）開發技術已成為新一代的設計趨勢，它能夠對行動裝置用戶提供最佳的視覺體驗，其原理是使用 CSS3 以百本比方式進行網頁畫面的設計，自不同解析度下自動調整網頁頁面的佈局，讓不同裝置都能以最適合閱讀的網頁格式瀏覽同一網頁，給任何的使用者最佳的瀏覽狀態。

15. osCommerce 為全功能網路開店系統，可以自由下載 / 安裝並使用軟體，也可以根據網站需求來進行修改和發佈，目前支援數十多種語言，包含繁體中文。使用者並不需要撰寫任何程式，可在最短時間裡建立一個購物網站，並支援客戶註冊、購物車、接受客戶意見、支援 SSL 安全機制、自動排列最受歡迎的商品等，也能進行商店管理、產品上架、新增商品類別、增 / 刪商品。

Chapter 5 ◆ 學習評量

一、選擇題

(　　) 1. 通常預設下列哪一個是首頁的檔案名稱？
(A) index.htm　(B) first.htm　(C) start.htm　(D) head.htm

(　　) 2. 下列何者是網頁設計的必備元素？
(A) 圖片和超連結　　　　　　(B) 文字和超連結
(C) 動畫視訊和聲音　　　　　(D) 聲音和圖片

(　　) 3. 下列關於網頁元件的說明，何者有誤？
(A) 文字最好採用條列式說明　(B) 文字和圖片要越清楚越好　(C) 聲音和視訊並非絕對需要的元素　(D) 作為超連結的元件，可以是文字或圖片

(　　) 4. 下列何者不是在網站構思階段所應注意的事？
(A) 組合網站元素　　　　　　(B) 規劃網站架構
(C) 資料蒐集整理　　　　　　(D) 擬定網站主題

(　　) 5. 下列何者不是放置在網頁首頁的必要元素？
(A) 公司的標誌　(B) 聯繫資訊　(C) 選單列　(D) 裝飾插圖

二、問答題

1. 試問有哪些常見的架站方式？

2. 試簡述虛擬主機（Virtual Hosting）的優缺點。

3. 試簡述 CSS 的特色。

4. 試簡述 osCommerce 的優點與相關功能。

5. 何謂網站主題？

6. 何謂到達頁（Landing Page）？

隨著電子商務得到高度的認同與網路行銷的日趨成熟，行銷因為網路而做了空前的改變，企業可以以較低的成本，開拓更廣闊的市場，如今已備受各大企業青睞。網路行銷的模式不但具備即時性、互動性、客製化，網路科技與行銷活動的整合，可加速企業實現許多行銷相關能力的競爭優勢。

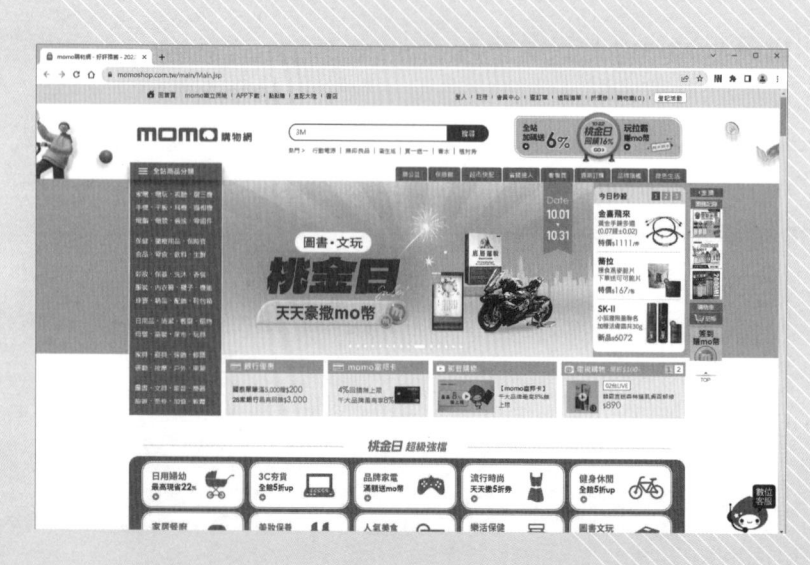

◀ 現代人的生活每天都受到網路行銷的影響

Chapter 6

網路與社群行銷實務

成功的行銷不只要了解顧客的需求與體貼顧客的感受，還必須懂得善用新一代的工具來幫助你更靠近你的顧客。面對全球化與網路化的競爭趨勢，本章中將會跟各位討論網路行銷相關基本概念與各種熱門行銷工具。

學習焦點

- 行銷基本概念
- 網路行銷的定義
- 網路行銷 4P
- 網路廣告
- 關鍵字廣告
- 病毒式行銷
- 搜尋引擎最佳化（SEO）
- 成長駭客行銷
- Facebook 行銷
- Instagram 行銷
- YouTube 行銷

6-1 認識網路行銷

「世上沒有不好賣的商品，只有不會賣的行銷人員！」行銷的英文是 Marketing，簡單來說，就是「開拓市場的行動與策略」，也就是將商品、服務等相關訊息傳達給消費者，而達到交易目的的一種方法或策略。以往傳統的商品的行銷策略中，大都是採取一般媒體廣告的方

● 產品發表會是早期傳統行銷的主軸

式來進行，例如報紙、傳單、看板、廣播、電視等媒體來進行商品宣傳，或者實際舉行所謂的「產品發表會」來與消費者面對面的行銷，通常會有區域上的限制，而且所耗用的人力與物力的成本也相當高。

● 生動吸睛的網路廣告，讓消費者增加購物動機

設計再精良的產品，沒有顧客就無法成功，管理大師杜拉克（Peter F. Drucker）曾經說過，商業的目的不在「創造產品」，而在「創造顧客」，企業存在的唯一目的就是提供服務和商品去滿足顧客的需求。目前最主流的行銷趨勢則是「顧客導向行銷」，包含顧客經驗、關係、溝通、社群等整體考量的行銷策略與方式。

Chapter 6 ｜ 網路與社群行銷實務

隨著網路新媒體卻不斷在蓬勃成長，行銷因為網路而做了空前的改變，不但具備即時性、互動性、客製化、連結性、跨地域等特性，更可以透過數位媒體的結合，使文字、聲音、影像與圖片可以整合在一起的網路研討會（Webinar），讓行銷的標的變得更為生動與即時，全天候 24 小時的提供商品行銷與宣傳服務。

> **TIPS**
>
> 在數位行動時代裡，我們經常聽到 Webinar 這個術語，Webinar 一字來自 seminar，是指透過網路舉行的專題討論或演講，稱為「網路線上研討會」（Web Seminar 或 Online Seminar）。目前多半可以透過社群平台的直播功能，提供演講者與參與者更多互動的新式研討會，通常專業性或主題性較強，許多廠商都利用這種型式來做為產品發表、教育訓練、行銷推廣等用途。

▶ 6-1-1 網路行銷的定義

行銷策略最簡單的定義就是在有限的企業資源條件下，充份分配資源於各種行銷活動，行銷大師菲律‧柯特勒（Philip Kotler）曾說：「行銷活動主要是確認與滿足人類與社會的需求，並以可以獲利的方式滿足需要。」網路行銷可以看成是企業整體行銷戰略的一個組成部分，是為實現企業總體經營目標所進行，網路行銷是一種雙向的溝通模式，能幫助無數在網路成交的電商網站創造收入。

網路行銷（Internet Marketing），或稱為數位行銷（Digital Marketing）本質其實和傳統行銷一樣，最終目的都是為了影響消費者（Target Audience），主要差別在於溝通工具不同，現在則可透過網路通訊的數位性整合，使文字、聲音、影像與圖片可以結合在一起，讓行銷的標的變得更為生動與即時。例如以皮卡丘為遊戲主角的寶可夢（Pokemon Go）大概是近期網路行銷界最熱門的話題，就是一種透過擴增實境（Augmented Reality, AR）的遊戲趣味，進而增加消費與品牌之間的粘著性，最後全面提高行銷效益的方法。

● 寶可夢是結合 AR 的遊戲化網路行銷

● 寶可夢可與現實世界環境結合

電子商務實務與 ChatGPT 應用

> **TIPS**
>
> 擴增實境（Augmented Reality, AR）就是一種將虛擬影像與現實空間互動的技術，能夠把虛擬內容疊加在實體世界上，並讓兩者即時互動，也就是透過攝影機影像的位置及角度計算，在螢幕上讓真實環境中加入虛擬畫面，強調的不是要取代現實空間，而是在現實空間中添加一個虛擬物件，並且能夠即時產生互動。

隨著消費者對網路依賴程度愈來愈高，網路媒體可以稱得上是目前所有媒體中滲透率最高的新媒體。網路行銷經常被認為是較精準的行銷，主要由於它是所有媒體中極少數具有「可被測量」特性的新媒體，都可以透過各種最新網路科技工具來進行轉換評估，事實上，跟所有其他行銷媒體相比，店家可以透過分析數據，看見網路行銷的績效，進而輔助調整產品線或創新服務的拓展方向。

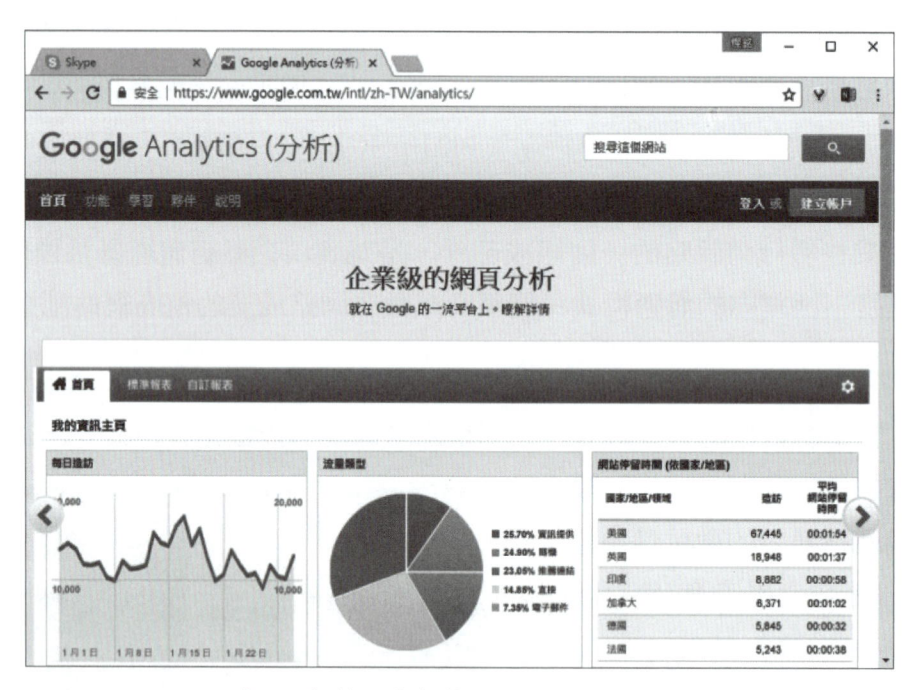

● Google Analytics 4（GA4）就一套免費且功能強大的路行銷流量分析與追蹤工具

6-2 傳統行銷的 4P 組合

現代人每天的食衣住行育樂都受到行銷活動的影響，美國行銷學學者麥卡錫教授（Jerome McCarthy）提出著名的 4P 行銷組合（Marketing Mix），各位可以看成是一種協助企業建立各市場系統化架構的元件，藉著這些元件來影響市場上的顧客動向構成市場行銷組合的各種手段。所謂行銷組合的 4P 理論是指行銷活動的四大單元，包括產品（Product）、價格（Price）、通路（Place）與促銷（Promotion），也就是選擇產品、訂定價格、考慮通路與進行促銷。

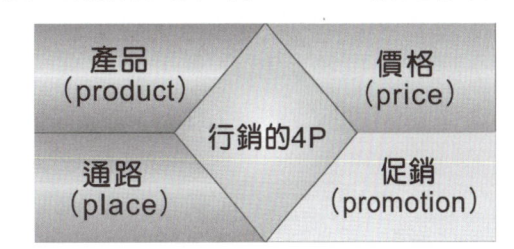

▶ 6-2-1 產品（Product）

產品是指市場上任何可供購買、使用或消費以滿足顧客慾望或需求的東西，也就是企業提供給目標市場的貨物與服務的集合，都需要精心設計和製作，才能吸引人們注意。隨著現代市場行為的改變，產品策略主要在研究新產品開發與改良，包括產品組合、功能、包裝、風格、品質、附加服務等。產品的選擇關係著一家企業生存的命脈，成功的企業必須不斷地了解顧客對產品的需求，包括產品盛衰週期、消費客群，並企劃出不同階段的行銷計畫。因為如果競爭對手能提供更好的產品或服務，產品取代性就會上升。

● 蘋果公司會不斷推出新產品

▶6-3-2 價格（Price）

價格策略又稱定價策略，就是顧客為產品付出的成本，主要研究產品的定價、調價等，企業可以根據不同的市場定位，配合制定彈性的價格策略，其中市場結構與效率都會影響定價策略，包括定價方法、價格調整、折扣及運費等考慮供給成本、季節性的折扣和競爭產品的價錢。店家需要擬定合適的訂價策略（Pricing Strategy），我們都知道消費者對高品質、低價格商品的追求是永恆不變的。選擇低價政策可能帶來「薄利多銷」的榮景，卻不容易建立品牌形象，高價策略則容易造成市場上叫好不叫座的障礙。

● 肯德基套餐會不定時調整價格策略

▶6-3-3 通路（Place）

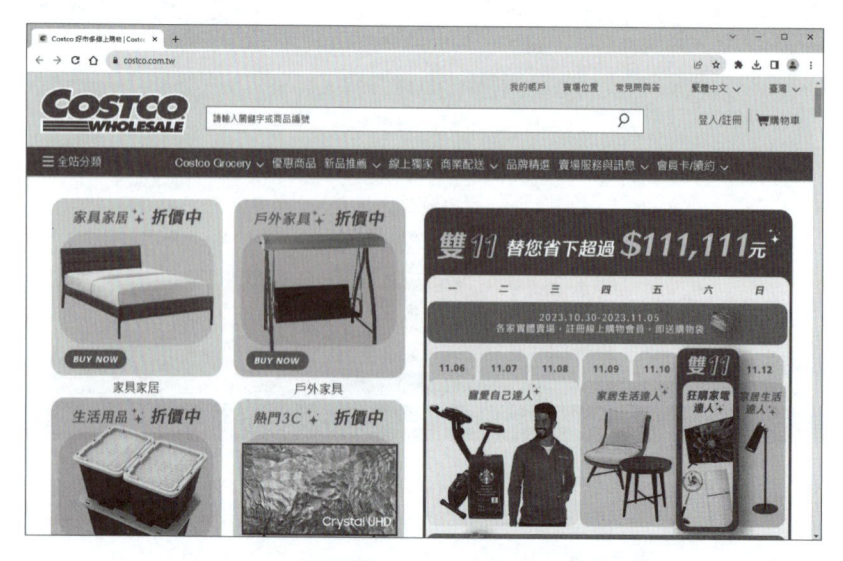

● Costco 通路讓義美厚奶茶成為爆紅的產品

通路是由介於廠商與顧客間的行銷中介單位所構成，就是將產品與服務直接擺到潛在客戶們的面前。通路運作的任務就是在適當的時間，把適當的產品送到適當的地點，由生產者移轉給最終消費者或使用者之過程。通路對銷售而言是很重要的一環，掌握通路就等於控制了產品流通的咽喉，隨著愈來愈競爭的市場，迫使廠商越來越重視通路的改善，只要是撮合生產者與消費者交易的地方，都屬於通路的範疇，也是許多品牌最後接觸消費者的行銷戰場。

▶ 6-3-4 促銷（Promotion）

促銷或者稱為推廣，就是將產品訊息加速傳播給目標市場的活動，是屬於有時效性且排程緊湊行銷企劃，透過促銷活動試圖讓消費者購買產品，以短期的行為來促成消費的增長。產品在不同的市場週期時要採用什麼樣的推廣活動，促銷無疑是銷售行為中最直接吸引顧客上門的方式，特別當新產品剛推出時，讓客戶能注意到你的產品是一件非常重要的事情，如何利用促銷手段來感動消費者，讓消費者真正受益，實在是推廣活動中最為關鍵的課題。

● 全聯福利中心不定期舉辦促銷活動來刺激買氣

> **TIPS**
>
> 全球知名的策略大師麥可‧波特（Michael E. Porter）於 80 年代提出以五力分析模型（Porter five forces analysis）作為競爭策略的架構，他認為有五種力量促成產業競爭，每一個競爭力都是對稱關係，透過這五方面力的分析，可以測知該產業的競爭強度與獲利潛力，並且有效的分析出客戶的現有競爭環境。五力分別是供應商的議價能力、買家的議價能力、潛在競爭者進入的能力、替代品的威脅能力、現有競爭者的競爭能力。

6-3 網路行銷的 4C 組合

在網路行銷時代，基本上就是一個創新而且競爭激烈的市場，店家需要更加注重網路使用者信任與忠心，1990 年羅伯特·勞特朋（Robert Lauterborn）提出了與傳統行銷的 4P 相對應的 4C 行銷理論，分別為顧客（Customer）、成本（Cost）、便利（Convenience）和溝通（Communication），最大的差異是 4P 以生產者的角度，而 4C 則是以消費者的角度。對於網路時代而言，消費者意識日益增長，單純從生產者觀點出發不再是現今行銷策略上的唯一考量，促使行銷理論由原來的重心—4P，逐漸往 4C 移動。由於 4C 就是一種以消費者為導向的 4P 升級模型，在網路行銷世界，4C 已經成為許多品牌經營者在擬定市場行銷策略時的重要基礎，因此，必須重新來定義與詮釋網路行銷的新 4C 組合。

▶ 6-3-1 顧客（Customer）

在網路行銷的時代，不受限於有形的產品，無形的產品也包含在內，產品的內容包括實體產品與虛擬產品兩種，實體產品有電視、電腦、衣服、書籍文具等，虛擬產品就是無實體的商品，包括服務、數位化商品、影片、電子書、軟體等。當企業計劃推出每一件新產品時，不是急於制定產品策略，或者先考慮企業能生產什麼產品，而是要以有需求才有供給的思維去推動產品和服務的創新與發展，除此之外，應將核心擺在「顧客」，很明確思考潛在顧客的需求，目前最主流的網路產品行銷趨勢就是「顧客導向」，因為企業提供的不應該只是產品和服務，更重要的是由此產生的顧客價值。

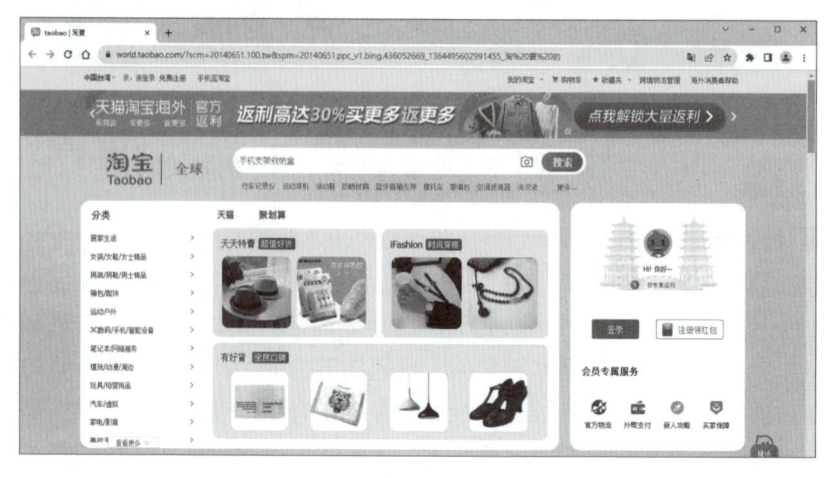

● 淘寶網網路商城提供海內外顧客千奇百怪的產品

6-3-2 成本（Cost）

在過去的年代，一個產品只要本身賣相夠好，東西自然就會大賣，然而在現代競爭激烈的網路全球市場中，定價可是一門學問，成本應建立在產品所帶來的價值及特性上，包含隱藏成本，也就是那些無形、看不見的成本，可以想成「消費者的成

● Trivago 號稱提供最優惠的全球旅館訂房服務

本總和」，若把價格訂的太高或太低，都有可能失去部分的潛在消費者，傳統的定價方式將消費者排斥到定價體系之外，沒有充分考慮消費者的利益和承受能力，由於網路購物能降低中間商成本，並進行動態定價，應該同時滿足低於顧客的心理價格，亦能夠讓企業能獲利的數字，也就是企業應設法做到在消費者容忍的價格限度內增加利潤，真正充分考慮顧客願意支付與取得的成本。

6-3-3 便利（Convenience）

在網路行銷的世代，由於網路通路的運作相當複雜且多元，讓原本的遊戲規則起了變化，相較於傳統的行銷通路，企業應更重視顧客購買商品的方便性，不僅能購買到商品，也可以購買到便利性。例如現在的廠商還

● 燦坤 3C 成立燦坤快 3 網路商城，強調 8 小時快速到貨

會透過自己打造電商網站，許多以網路起家的品牌，靠著對網購通路的了解和特殊的行銷手法，將產品銷售結合網路市場生態進一步的延伸出新的銷售通路，成功搶去相當比例的傳統通路的市場。現代人由於工作和生活的忙碌，企業不再只是觀察市場來決定通路，了解客戶熟悉的連結管道，從參與中了解市場需求，對應到通路，就是希望顧客在不同通路取得商品的成本能夠降到最低，思考如何給消費者更方便的通路買到產品。

6-3-4 溝通（Communication）

每當經濟成長趨緩，消費者購買力減退，這時促銷工作就顯得特別重要，促銷是企業單方面地輸出資訊，而溝通則是需要雙方的相互回應，網路行銷其實就是企業和顧客間能直接溝通對話，削弱了原有批發商、經銷商等中間環節的功能。在網路上企業可以以較低的成本，開拓更廣闊的市場，終端消費者會因此得到更多的實惠，加上網路媒體互動能力強，企業不應再是單向地向顧客促銷產品，更應與顧客建立積極有效的雙向溝通關係，最好還搭配不同工具進行完整的促銷策略運用，不但能找到能同時實現各自目標的方法，也能使最在乎 CP 值的消費者搶到俗擱大碗的商品。

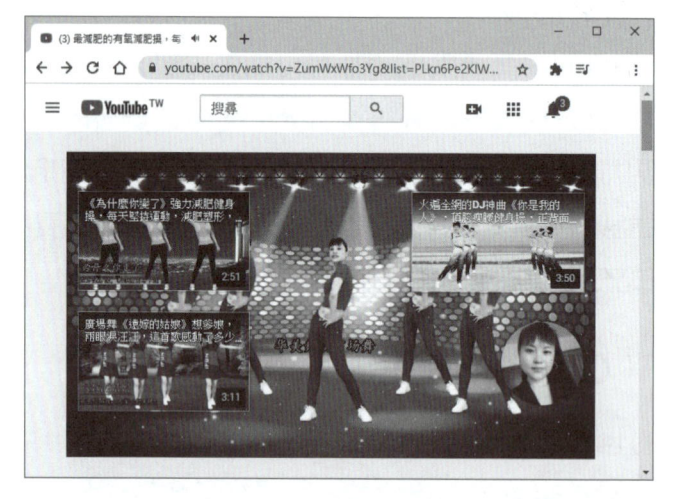

● YouTube 影音平台也是目前很熱門的網路促銷媒體

例如消費者漸漸也習慣喜歡在影音平台上尋求商業建議，甚至於「現在很多好的廣告影片，比著名電影還好看！」好的廣告就如同演講家，說到心坎處，自然能引人入勝，只要促銷或影片夠吸引人，就能在短時間內衝出超高的點閱率，進而造成轟動與話題。

> **TIPS**
>
> 商業行為的本質是價值交換，不是僅有利益交換，網路行銷規劃與傳統行銷規劃大致相同，所不同的是網路上行銷規劃程序更重視由顧客角度來出發，美國行銷學家溫德爾·史密斯（Wended Smith）在 1956 年提出的 S-T-P 的概念，STP 理論中的 S、T、P 分別是市場區隔（Segmentation）、目標市場目標（Targeting）和市場定位（Positioning）。企業開始擬定任何網路行銷策略，通常不論是開始行銷規劃或是商品開發，第一步的思考都可以從 STP 著手。

6-4 熱門的網路行銷工具

網路行銷一直都是中小企業的最佳行銷工具，越來越多的經營管理者及企業主把「網路行銷」視為企業發展的重點策略。網路上的互動性是網路行銷最吸引人的因素，企業可以透過網路將產品與服務的資訊提供給顧客，也可以讓顧客參與產品或服務的規劃。網路行銷的工具與方法也有時間性與流行期，各種新的行銷工具及手法不斷出現，行銷相關人員肯定必須與時俱進的學習各種最新工具來符合行銷效益。

● 博客來網路書店非常懂得利用各種最新網路行銷工具

一套好的網路行銷方式其實比想像中的還要複雜，就如同開店做生意一樣，絕對不會是租間店面就能開始賺錢，如何提高曝光的機會，讓使用者發現你，是行銷上需要面對的第一個課題。在網路行銷的時代，各種新的行銷工具及手法不斷推陳出新，也讓行銷人員必須與時俱進的學習各種工具來符合行銷效益，充份考量市場端、企業端及消費者端等三個面向的各自發展與互相影響。

▶ 6-4-1 內容行銷

一篇好的行銷內容就像說一個好故事，成功之道就在於如何設定內容策略。在網路發展更加快速的此刻，內容行銷（Content Marketing）已經成為目前最受企業重視的網路行銷策略之一，也是讓品牌更能深入人心關鍵因素。

● 紅牛（Red Bull）長期經營與運動相關的品牌內容力

在資訊爆炸的時代，廣告和資訊過多，內容行銷是一門與顧客溝通但不做任何銷售的藝術，就在於如何設定內容策略，可以既不直接宣傳產品，不但能達到吸引目標讀者，最後驅使消費者採取購買行動的行銷技巧，形式可以包括文章、圖片、影片、網站、型錄、電子郵件等。在選擇行銷管道的過程中，切勿盲目跟隨潮流，必須要根據自身內容與產品進行考量，例如比起文字與圖片，特別是以影片內容最為有效可以吸引點閱。內容行銷必須更加關注顧客的需求，因為創造的內容還是為了某種行銷目的，目地在長期與顧客保持聯繫，避免直接明示產品，銷售意圖絕對要小心藏好，創造引人注目的內容是在網路行銷上能夠領先的關鍵。

▶ 6-4-2 原生廣告

原生廣告（Native Advertising）是近年來受到許多討論的熱門廣告形式，沒有特定的形式，而是一種概念，不再守著傳統的橫幅式廣告，會根據不同網路平台而改變呈現方式的廣告手法，主要呈現方式為圖片與文字描述，也算是內容行銷的一種形式，就是一種讓大眾自然而然閱讀下去，不容易發現自己在閱讀廣告的行銷模式。換句話說，不像那些一眼就能看出是廣告的廣告，原生廣告最大的特色是可以將廣告與網頁內容無縫結合，讓瀏覽者不容易發現自己正在看的其實是一則廣告，能自然地勾起消費者興趣。

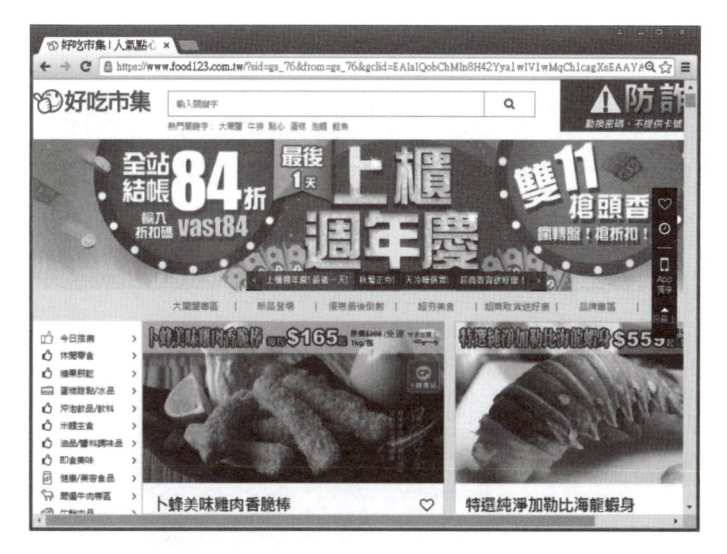

● 原生廣告為好吃宅配網產品開出業績長紅

原生廣告不中斷使用者體驗，提升使用者的接受度，效果勝過傳統橫幅廣告，是目前行動廣告的趨勢。例如透過與地圖、遊戲等行動 App 密切合作客製的原生廣告，能夠有更自然的呈現，像是 Facebook 與 Instagram 廣告與贊助貼文，天衣無縫將廣告完美融入網頁，或者 Line 官方帳號也可視為原生廣告的一種。

● Line 官方帳號廣告也算是一種原生廣告

▶ 6-4-3 飢餓行銷

飢餓行銷（Hunger Marketing）是以「賣完為止、僅限預購」來創造行銷話題，製造產品一上市就買不到的現象，促進消費者購買該產品的動力，讓消費者覺得數量有限而不買可惜。各位可能無法想像大陸熱銷的小米機也是靠飢餓行銷，特別是小米將其用到了極致，能保證小米較高的曝光率，新品剛推出就賣了數千萬台，就是利用「缺貨」與「搶購熱潮」的故事瞬間炒熱話題，在小米機推出時的限量供貨被秒殺開始，刻意在上市初期控制數量，維持米粉的飢渴度，造成民眾瘋狂排隊搶購熱潮，促進消費者追求該產品的動力，直到新聞話題炒起來後，就開始正常供貨。

● 小米機藉由數量控制的手段，達到飢餓行銷的效果

6-4-4 網路廣告

販售商品最重要的是能大量吸引顧客的目光，廣告便是其中的一個選擇，最終目的都是為了要吸引大眾的目光，也可以說是指企業以一對多的方式，利用付費的媒體，將特定訊息傳送給特定的目標視聽眾的活動。傳統廣告主要利用傳單、廣播、報章雜誌、大型看板及電視的方式傳播，網路廣告就是在網路平臺上做的廣告，與一般傳統廣告的方式並不相同。

● 企業網站本身就是一種網路廣告

經常有許多人會有「網路廣告」就等於「網路行銷」的刻板印象，其實千萬不要以為「網路行銷」只是單純的投遞廣告，反而是一個必須從上到下透過網路媒體傳遞訊息的策略與方法。至於網路廣告則是一種透過網際網路傳播消費訊息給消費者的傳播模式，運用專業的廣告橫幅、超連結、多媒體技術，在 Web 上刊登或發佈廣告。基本上，商品本身只要架構網站就是一種網路廣告的手段，其次就是在其他商業網站上付費刊登。

網站廣告的優點不外乎廣告效果不錯，投放廣告更具機動性，可以發揮的空間非常大，它可以整合了電視、收音機、平面廣告、傳統廣告等功能。隨著科技與創意的進步，越來越多的網路廣告跟人們生活習習相關，科技越來越發達，廣告模式也更五花八門，以下介紹目前 Web 上常見的網路廣告類型。

> **TIPS**
>
> Widget 廣告是一種桌面的小工具，可以在電腦或手機桌面上獨立執行，由於 widget 廣告必須由網友主動下載，顯示消費者認同企業服務，不僅能一直讓品牌呈現在消費者的眼前，還可以隨時用文字、影片送上最新訊息，可查詢氣象、電影、新聞、消費等生活資訊，已經成為許多人日常生活中的好伙伴，從開機就放在電腦或手機螢幕的桌面上。

6-4-5 病毒式行銷 - 電子郵件與電子報

病毒式行銷（Viral Marketing）主要的方式倒不是設計電腦病毒讓造成主機癱瘓，而是利用一個真實事件，以「奇文共欣賞」的模式分享給周遭朋友，是一種原則上不需要成本的成長模式。病毒行銷最明顯的特徵也就是人傳人，讓訊息能夠藉由「口碑行銷」（word-of-mouth communication），並且一傳十、十傳百地快速地像病毒一般散播給更多的潛在消費者有關這些精心設計的商業訊息，最實際的例子就是電子郵件行銷（Email Marketing）。

電子郵件行銷（Email Marketing）是許多店家或品牌喜歡的行銷手法，即使在行動通訊軟件及社群平台盛行的環境下，電子郵件仍然屹立不倒，電子郵件行銷是將含有商品資訊的廣告內容，以電子郵件的方式寄給不特定的使用者，除擁有成本低廉的優點外，更大的好處其實是能夠發揮「病毒式行銷」的威力，創造互動分享（口碑）的價值。由於影音行銷越來越夯，目前店家透過電子郵件宣傳時，不再以純文字版本為主，最好也可以同步發揮視覺化創意，吸引讀者跟你互動，順便在郵件內容中加入適當的促銷訊息，絕對是實現網路行銷效果的最佳利器。

● 中國信託的電子郵件行銷相當成功

電子報行銷（Email Direct Marketing）也是一個主動出擊的網路廣告戰術，多半是由使用者訂閱，再經由信件或網頁的方式來呈現行銷訴求，而成效則取決於電子報的設計和內容規劃。電子報的發展歷史已久，然而隨著時代改變，使用者的習慣也改變了，如何提升店家電子報在行動裝置上的開信率，成效就取決於電子報的設計和規劃，加上運用和讀者對話的技巧，進而吸引讀者的注意。

● 遊戲公司經常利用電子報維繫與玩家的互動

> **TIPS**
>
> 話題行銷（Buzz Marketing），或稱蜂鳴行銷和口碑行銷類似，企業或品牌利用最少的方法主動進行宣傳，在討論區引爆話題，造成人與人之間的口耳相傳，如蜜蜂在耳邊嗡嗡作響的 buzz，然後再吸引媒體與消費者熱烈討論。

▶ 6-4-6 網紅（KOL）行銷

網紅旋風最早是在中國市場上產生快速成長的經濟產值，這股由粉絲效應所衍生的現象，起源於社群行銷，透過互動連結起來的經濟體，能夠迅速將個人魅力做為行銷訴求，利用自身優勢快速提升行銷有效性。這種現象與行動網路的高速發展與普及密不可分，許多品牌選擇借助社群媒體上的網紅來達到口碑行銷的效果，使得網紅成為人們生活中的流行指標，充分展現了網路文化的蓬勃發展。

所謂網紅（Internet Celebrity）就是經營社群網站來提升自己的知名度的網路名人，也稱為 KOL（Key Opinion Leader），能夠在特定專業領域對其粉絲或追隨者有發言權及重大影響力的人。網紅通常在網路上擁有大量粉絲群，網紅展現方式較有人情味，像和朋友閒聊的感覺，這些人能夠幫助品牌將產品訊息廣泛地傳遞出去，加上與眾不同的獨特風格，很容易讓粉絲就產生共鳴，進而達到行銷的效果。

● 張大奕是中國知名的網紅代表人物，代言身價直追范冰冰

網紅行銷的興起對品牌來說是個絕佳的機會點，因為社群持續分眾化，現在的人是依照興趣或喜好而聚集，所關心或想看內容也會不同，網紅就代表著這些分眾社群的意見領袖，反而容易讓品牌迅速曝光，並找到精準的目標族群。

▶ 6-4-7 關鍵字廣告

關鍵字廣告（Keyword Advertisements）是許多商家網路行銷的入門選擇之一，它的功用可以讓店家的行銷資訊在搜尋關鍵字時，會將店家所設定的廣告內容曝光在搜尋結果最顯著的位置，讓各位以最簡單直接的方式，接觸到搜尋該關鍵字的網友所而產生的商機。

> **TIPS**
> 目標關鍵字（Target Keyword）就是網站確定的主打關鍵字，也就是網站上目標使用者搜索量相對最大與最熱門的關鍵字，會為網站帶來大多數的流量，並在搜尋引擎中獲得排名的關鍵字。

購買關鍵字廣告因為成本較低效益也高，而成為網路行銷手法中不可或缺的一環，就以國內熱門的入口網站 Yahoo! 奇摩關鍵字廣告為例，當使用者查詢某關鍵字時，會出現廣告業主所設定出現的廣告內容，在頁面中包括該關鍵字的網頁都將作為搜尋結果被搜尋出來，這時各位的網站或廣告可以出現在搜尋結果顯著的位置，增加網友主動連上該廣告網站，間接提高商品成交機會。一般關鍵字廣告的計費方式是在廣告被點選時才需要付費（Pay Per Click, PPC），能夠第一時間精準的接觸目標潛在客戶群，廣告預算還可隨時調整，適合不同的宣傳活動。當然選用關鍵字的原則除了挑選高曝光量的關鍵字之外，選對關鍵字當然是非常重要的事，唯有找出代表潛在顧客的關鍵字，才能間接找出這些潛在顧客。

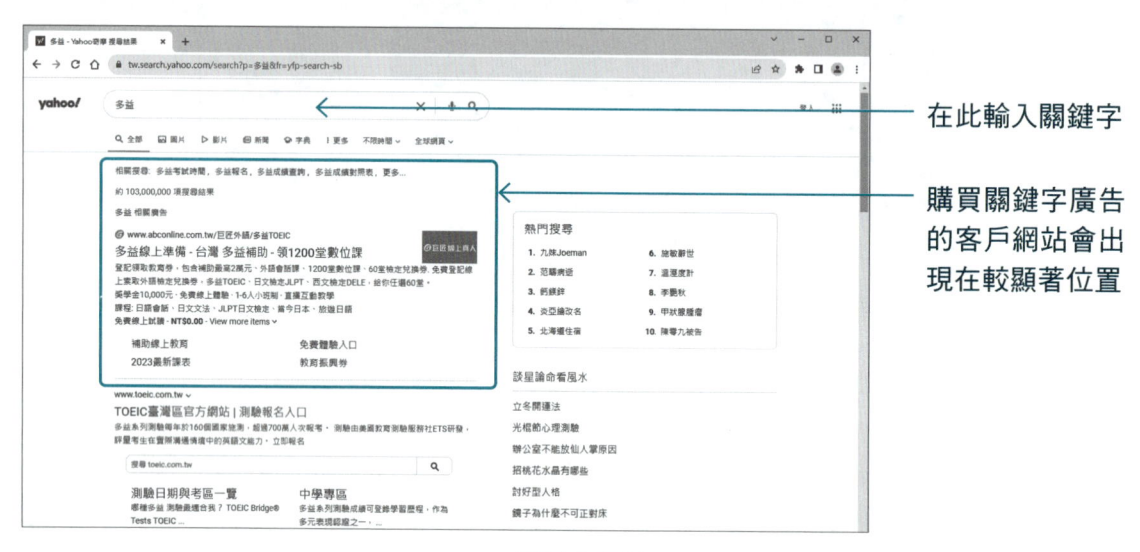

在此輸入關鍵字

購買關鍵字廣告的客戶網站會出現在較顯著位置

● 關鍵字行銷

▶ 6-4-8 搜尋引擎最佳化

網站流量一直是網路行銷中相當重視的指標之一，而其中一種能夠相當有效增加流量的方法就是搜尋引擎最佳化（Search Engine Optimization, SEO），搜尋引擎最佳化（SEO）也稱作搜尋引擎優化，是近年來相當熱門的網路行銷方式，就是一種讓網站在搜尋引擎中取得 SERP 排名優先方式，終極目標就是要讓網站的 SERP 排名能夠到達第一。

> **TIPS**
> 搜尋引擎結果頁（Search Engine Results Page, SERP）是使用關鍵字，經搜尋引擎根據內部網頁資料庫查詢後，所呈現給使用者的自然搜尋結果的清單頁面，SERP 的排名是越前面越好。

● Search Console 工具能幫網頁檢查是否符合 Google 搜尋引擎的演算法

對於網路行銷來說，SEO 主要是分析搜尋引擎的運作方式與其演算法（Algorithms）規則，透過網站內容規劃進行調整和優化，來提高網站在有關搜尋引擎內排名的方式，排名越高能見度就越提升，也代表越有機會獲得較高的轉換率進而提升網站的訪客人數，可以合法增加網站流量和與自然點閱率（CTR），甚至於提升轉換率增加訪客參與。例如當各位在 Yahoo、Google 等搜尋引擎中輸入關鍵字後，由於大多數消費者只會注意搜尋引擎最前面幾個（2~3 頁）搜尋結果，經過 SEO 的網頁可以在搜尋引擎中獲得較佳的名次，曝光度也就越大，被網友點選的機率必然大增。

> **TIPS**
> 點閱率（Click Through Rate, CTR），或稱為點擊率，是指在廣告曝光的期間內有多少人看到廣告後決定按下的人數百分比，也就是指廣告獲得的點擊次數除以曝光次數的點閱百分比，可作為一種衡量網頁熱門程度的指標。

在 SEO 優化過程中，301 轉址（301 Redirect）相當重要，也稱為 301 重新導向，只要是涉及「網址」的更動，也就是如果店家需要變更該網頁的網址，就可以使用伺服器端 301 重新導向，即是將舊網址永久遷移至新網址，也能指引 Google 檢索正確的網址位置。如果少了這個動作，Google 會將舊網址與新網址認定是各自獨立的網頁。

電子商務實務與 ChatGPT 應用

各位要如何掌握 SEO 優化，說穿了就是運用一系列方法讓搜尋引擎更了解你的網站內容，這些方法包括常用關鍵字、網站頁面內（on-page）優化、頁面外（off-page）優化、相關連結優化、圖片優化、網站結構等。

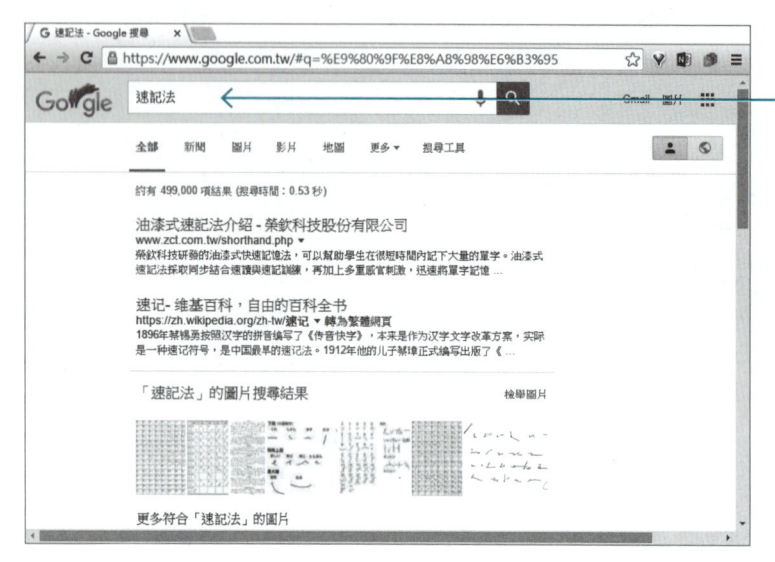

在此輸入速記法，會發現榮欽科技出品的油漆式速記法排名在第一位。

● SEO 優化後的搜尋排名

> **TIPS**
>
> 資料螢光筆（Data Highlighter）是一種 Google 網站管理員工具，讓您以點選方式進行操作，只需透過滑鼠就可以讓資料螢光筆標記網站上的重要資料欄位（如標題、描述、文章、活動等），當 Google 下次檢索網站時，就能以更為顯目與結構化模式呈現在搜尋結果及其他產品中，對改善 SERP 也會有相當幫助。
>
> 麵包屑導覽列（Breadcrumb Trail），也稱為導覽路徑，是一種基本的橫向文字連結組合，透過層級連結來帶領訪客更進一步瀏覽網站的方式，對於提高用戶體驗來說，是相當有幫助。
>
> 反向連結（Backlink）就是從其他網站連到你的網站的連結，如果你的網站擁有優質的反向連結（例如：新聞媒體、學校、大企業、政府網站），代表你的網站越多人推薦，當反向連結的網站越多、就越被搜尋引擎所重視。就像有篇文章常被其他文章引用，可以想見這篇文章本身就評價不凡，這也是網站排名因素的重要一環。

▶ 6-4-9 元宇宙行銷

談到元宇宙（Metaverse），多數人會直接聯想到電玩遊戲，元宇宙的概念最早出自史蒂文森（Neal Stephenson）於 1992 年所著的科幻小說《潰雪》（Snow Crash），在這個世界裡，用戶可以成為任何樣子，主要是形容在「集體虛擬共享空間」，每個人都在一個平等基礎上建立自己的虛擬化身（avatar）及應用，因為目前元宇宙概念多從遊戲社群延伸，玩家不只玩遊戲本身，虛擬社交行為也很重要，不少角色扮演的社群遊戲已具元宇宙的雛形，可以讓虛擬世界與實體世界間的界線更加模糊。

今天人們可以使用高端的穿戴式裝置進入元宇宙，而不是螢幕或鍵盤，並讓佩戴者看到自己走進各式各樣的 3D 虛擬世界，元宇宙能應用在任何實際的現實場景與在網路空間中越來越多元豐富發生的人事物。店家使用元宇宙技術做品牌行銷，首先要考量的就是可行性，從網路時代跨入元宇宙時代的過程中，消費者對採用沉浸式科技的品牌有更正面的印象，愈來愈多企業或品牌都正以元宇宙技術，讓用戶可以透過科技進行遠端的實體交流，從商業應用的角度來看，元宇宙理想上最好要能和現實宇宙融為一體。

圖片來源：https://www.vans.com.hk/news/post/roblox-metaverse-vans-world.html

● Vans 與 ROBLOX 推出滑板主題元宇宙世界 -Vans World 來行銷品牌

圖片來源：https://www.upmedia.mg/news_info.php?Type=9&SerialNo=146348

● 永慶房產宣布進軍元宇宙，超前佈局「房產科技 4.0」

電子商務實務與 ChatGPT 應用

　　元宇宙在未來將會成為行銷領域的重要工具，如果品牌擁有一家實體店面，只要透過手機和網路取得潛在客戶名單，很快地就可以建立起一個元宇宙世界。在這個世界裡，就可以開始透過虛擬實境（Virtual Reality, VR）或擴增實境（Augmented Reality, AR）來提供新服務、宣傳產品及吸引顧客，來滿足他們在虛擬世界中隨時「試用」及「購買」的期待，並獲得更多新的潛在客戶。品牌與廣告主如果有興趣開啟元宇宙行銷，或者也想打造屬於自己的專屬行銷空間，未來可以思考讓品牌形象，高度融合品牌調性的完美體驗，透過賦予人們在虛擬數位世界中的無限表達能力，創造出能吸引消費者的元宇宙世界。

圖片來源：https://www.sohu.com/a/691351988_121147258

● 虛擬試衣間讓消費者遠距試穿衣服

TIPS

　　混合實境（Mixed Reality）是一種介於 AR 與 VR 之間的綜合模式，打破真實與虛擬的界線，同時擷取 VR 與 AR 的優點，透過頭戴式顯示器將現實與虛擬世界的各種物件進行更多的結合與互動，產生全新的視覺化環境，並且能夠提供比 AR 更為具體的真實感，未來很有可能會是視覺應用相關技術的主流。

6-4-10 成長駭客行銷

通常駭客（Hack）被認為使用各種軟體和惡意程式攻擊個人和網站的代名詞，不過所謂成長駭客（Growth Hacking）的主要任務就是跨領域地結合行銷與技術背景，以有限成本幫助公司創造最大價值，能讓公司在短期內獲得顯著成長的人才，直接透過「科技工具」（如數據分析、網路行銷、資料分析等技術）和「數據」的力量來短時間內快速成長與達成各種增長目標，所以更接近「行銷＋程式設計」的綜合體，簡單來說，相對於傳統行銷方式，現在更多店家與品牌越傾向於執行成長駭客行銷。

圖片來源：https://sharing.tcincubator.com/growth-hacking-internship-job/

由於傳統行銷通常有一個完整的活動檔期以及既有的行銷規劃，行銷思維總是專注在銷售而不是產品與服務，成長駭客行銷和傳統行銷相比，更具彈性的行銷策略，還會時時關注本身產品或服務夠不夠好，他能看出一般人無法覺察的「關鍵」，懂得使用低成本但高效能的科學方法達成行銷目的，行銷需要大量曝光還要精準曝光，因此他不但能夠挖掘數據下的商機，更注重密集的實驗操作和資料分析，目的是創造真正流量，達成增加公司產品銷售與顧客的營利績效。

6-5 社群行銷

時至今日人們的生活已經離不開網路，網路正是改變一切的重要推手，而現在與網路最形影不離的就是「社群」。從 Web 1.0 到 Web 3.0 的時代，隨著各類部落格及社群網站（SNS）的興起，網路傳遞的主控權已快速移轉到網友手上，從早期的 BBS、論壇，一直到近期的部落格、Plurk（噗浪）、Pinterest、Instagram、微博、Facebook（臉書）或 YouTube 影音社群，主導了整個網路世界中人跟人的對話。

社群網路服務（Social Networking Service, SNS）就是 Web 2.0 體系下的一個技術應用架構，是基於哈佛大學心理學教授米爾格藍（Stanely Milgram）所提出的「六度分隔理論」（Six Degrees of Separation）運作。這個理論主要是說在人際網路中，要結識任何一位陌生的朋友，中間最多只要通過六個朋友就可以。

> **TIPS**
>
> 同溫層（Echo Chamber）是近幾年社群圈中出現的熱點名詞，因為當用戶在社群閱讀時，往往傾向於點擊與自己主觀意見雷同的訊息，容易導致相對比較願意接受與自己立場相近的觀點，對於不同觀點的事物，選擇性地忽略，進而形成一種封閉的同溫層現象。

所謂社群行銷（Social Media Marketing）就是透過各種社群媒體網站，讓企業吸引顧客注意而增加流量的方式。由於大家都喜歡在網路上分享與交流，透過朋友間的串連、分享、社團、粉絲頁與動員令的高速傳遞，創造互動性與影響力強大的平台，進而提高企業形象與顧客滿意度，並間接達到產品行銷及消費，所以被視為是便宜又有效的行銷工具。

> **TIPS**
>
> 社群商務（Social Commerce）的定義就是社群與商務的組合名詞，透過社群平台獲得更多顧客，由於社群中的人們彼此會分享資訊，相互交流間接產生了依賴與歸屬感，並利用社群平台的特性鞏固粉絲與消費者，不但能提供消費者在社群空間的討論分享與溝通，又能滿足消費者的購物慾望，更進一步能創造企業或品牌更大的商機。
>
> 粉絲經濟的定義就是基於社群商務而形成的一種經濟思維，透過交流、推薦、分享、互動模式，不但是一種聚落型經濟，社群成員之間的互動是粉絲經濟運作的動力來源，就是泛指架構在粉絲（Fans）和被關注者關係之上的經營性創新行為。

6-6　Facebook 行銷

　　Facebook（臉書）是目前熱門的社群網站，許多人幾乎每天一睜開眼就先上臉書，關注朋友們的最新動態，一般人除了由臉書了解朋友的最新動態和訊息外，透過朋友的分享也能從中獲得更多更廣泛的知識。臉書也是社群行銷的管道之一，從 2009 年 Facebook 在臺灣開始火熱起來之後，小自賣雞排的攤販，大至知名品牌、企業的老闆，都紛紛在 Facebook 上頭經營粉絲專頁（Fans Page），例如餐廳給來店消費打卡者折扣優惠。

　　很多企業品牌透過臉書成立粉絲團或社團，將商品的訊息或活動利用臉書快速的散播到朋友圈，再透過社群網站的分享功能，其實 Facebook 真正的價值，並非只是讓企業品牌累積粉絲與免費推播行銷訊息，而是這個平台具備全世界最精準的分眾（Segmentation）行銷能力，分眾功能就是藉由多采多姿的粉絲專頁來達成。粉絲經濟也算一種新的經濟形態，在這個時代做好粉絲經營，網路行銷就能事半功倍，誰掌握了粉絲，誰就找到了賺錢的捷徑。

● 桂格食品透過臉書與粉絲交流

▶ 6-6-1 動態消息

在 Facebook 中最常使用的行銷功能就是「動態消息」，位在個人臉書的「首頁」處正上方，不管是個人的臉書或粉絲專頁上，在「動態消息」的區塊上隨時可以貼文發表自己的心情，也可以上傳圖片、影片或開啟直播視訊，讓所有朋友得知你的最新訊息或想傳達的行銷訊息。

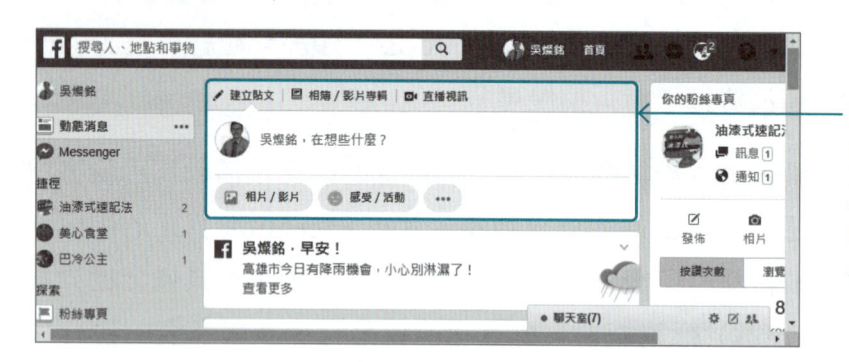

點選此區塊，就可以開始輸入你的想法建立貼文，也可以上傳圖片/影片，或是進行直播

透過「動態消息」的區塊放送貼文，受到注目的機會當然會少於相片或影片，如果有美美的相片相輔相成再加以說明，取信網友的機會就比文字來的強有力。而影片更是吸睛的焦點，經營粉絲頁的人就會發現，影片被點閱或分享的機會往往比相片或單純文字來的高。

想要從自己經營的粉絲頁上發佈相片或影片，可在臉書左側的捷徑處點選粉絲頁的名稱，即可以粉絲專頁管理者的身分進行留言。

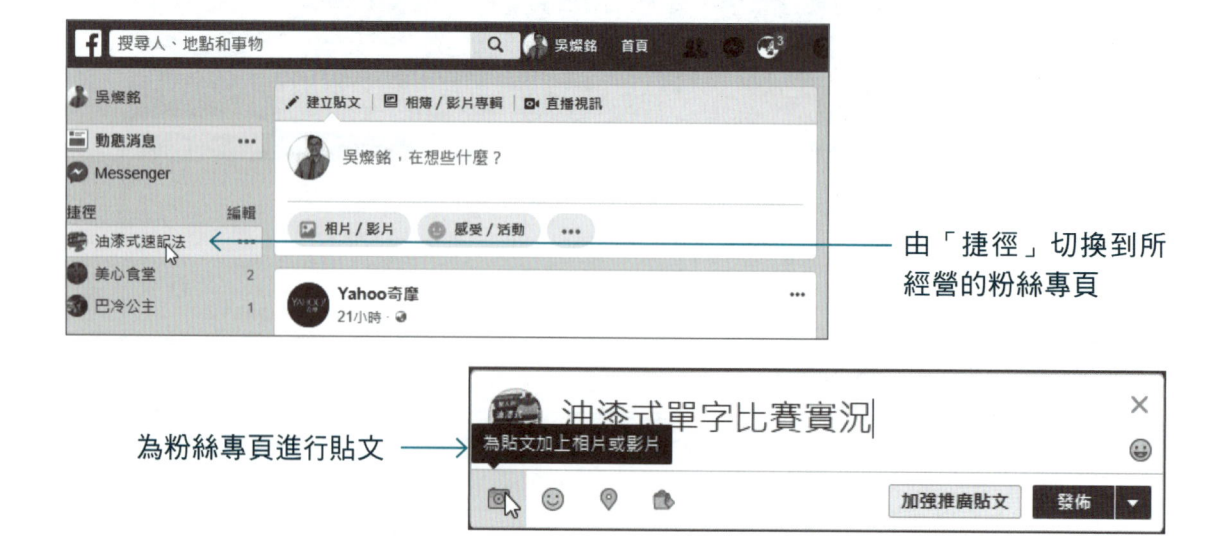

由「捷徑」切換到所經營的粉絲專頁

為粉絲專頁進行貼文

如果要為貼文加入相片或影片，請在發佈的區塊下方按下 🖼 鈕，再於「開啟」的視窗中選取要發佈的相片或影片檔，按下「開啟」鈕就會看到檔案顯示在區塊中。

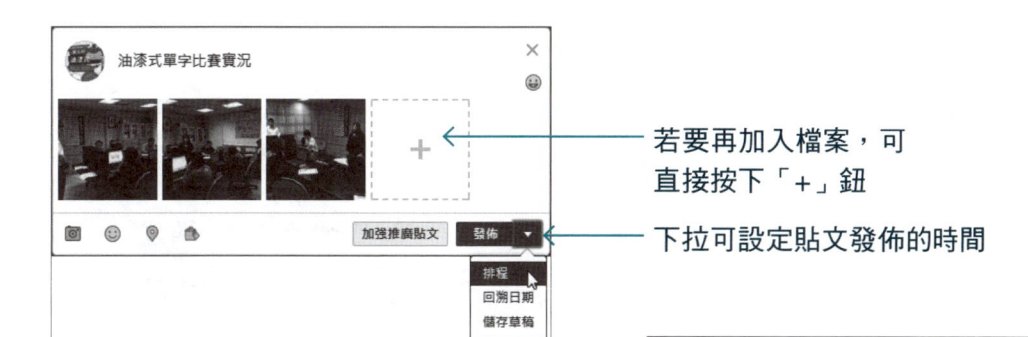

若要再加入檔案，可直接按下「＋」鈕

下拉可設定貼文發佈的時間

確認發佈的內容後，按下「發佈」鈕即可將貼文發佈出去。如果想要設定貼文發佈的時間點，可由「發佈」鈕下拉選擇「排程」指令，即可指定要發佈的時間點。

由此設定發佈貼文的時間

▶6-6-2 粉絲專頁

臉書的粉絲專頁（Pages）適合公開性的行銷活動，而成為粉絲的用戶就可以在動態時報中，看到自己喜愛專頁上的消息狀況，這樣可以快速散播活動訊息，達到與粉絲即時互動的效果。臉書粉絲頁的開放性，讓它成為一個行銷推廣的極佳工具，其中內容絕對是經營成效最主要的一個重點，專頁上所提供的訊息越多越好，這樣可以讓更多人加入您的粉絲專頁。各位要建立粉絲專頁，請從臉書首頁的左下角的「建立」處按下「粉絲專頁」，就能在如下視窗中選擇專頁類型的選擇。

當各位建立粉絲專頁後，任何人對粉絲專頁按讚、留言或分享，管理者都可以「通知」的標籤查看得到。

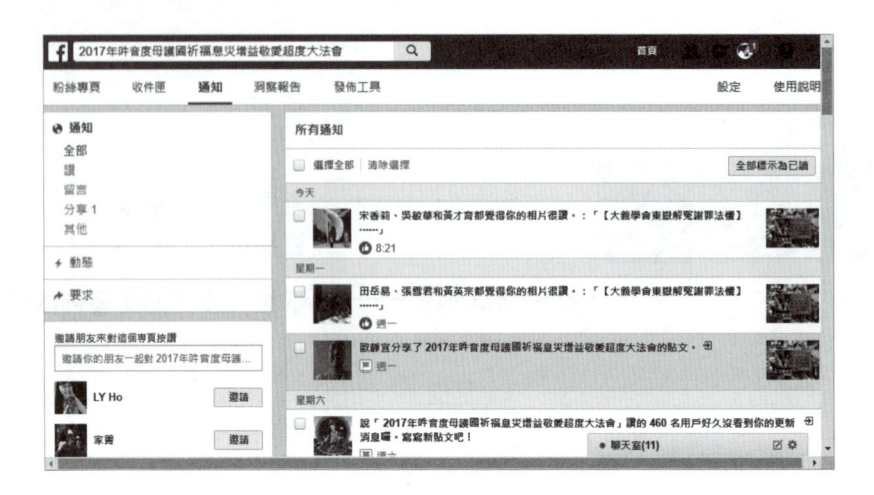

在「洞察報告」方面，對於貼文的推廣情形、粉絲頁的追蹤人數、按讚者的分析、貼文觸及的人數、瀏覽專頁的次數、點擊用戶的分析等資訊，都是粉絲專頁管理者作為產品改進或宣傳方向調整的依據，從這些分析中也可以了解粉絲們的喜好。

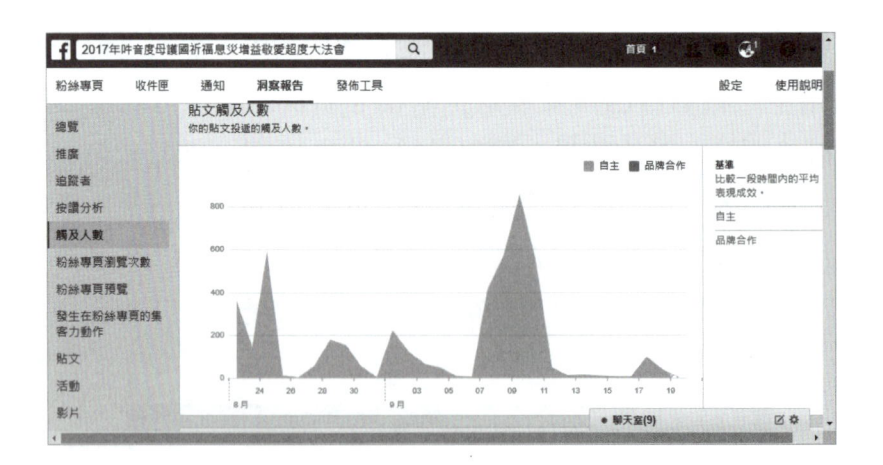

▶ 6-6-3 拍賣商城簡介

許多網友經常探訪臉書的購物社團或商店專區（Facebook Shop）並偏好私訊購物。因此，臉書推出拍賣商城，就是一個 C2C 平台，允許用戶輕鬆上傳和賣出商品。與傳統拍賣網站不同，拍賣商城簡化上架過程。只需在臉書 App 功能表中選擇「Marketplace」即可開始。

Marketplace 提供多樣化商品選擇，從初為人父母尋找嬰兒服飾的新手，到鑑賞古董珍寶的專家，皆能在此輕鬆進行交易。只要使用頂部的搜尋框，就可以按地點、分類或價格進行排序和篩選。瀏覽商品時，上下滑動螢幕就能看見商品的照片。點擊某一商品照片，即可查看詳細資訊。一鍵「傳送」即可詢問存貨狀態，或向賣家提出其他問題，極為便利。

例如您是一位新手父母，想為新生兒購買一件特定的嬰兒連身衣。可以直接在 Marketplace 的搜尋列輸入「嬰兒連身衣」，並篩選所在的地區，接著會出現多個相關商品供您選擇。當看到一件喜歡的連身衣時，點擊照片，查看價格、尺寸和顏色等詳情，再透過「傳送」功能問賣家是否還有需要的尺寸存貨，或詢問其他細節。這樣的過程既直觀又方便，並大幅節省時間和精力。

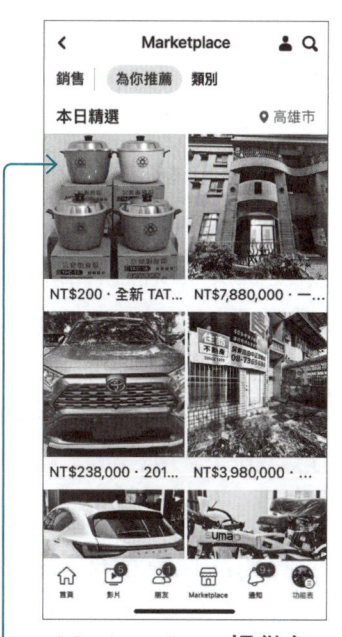

Marketplace 提供各種類型的拍賣物品

由此輸入想要搜尋的目標物

點選商品後，可以看到賣家地點、產品說明，或向賣家詢問詳情

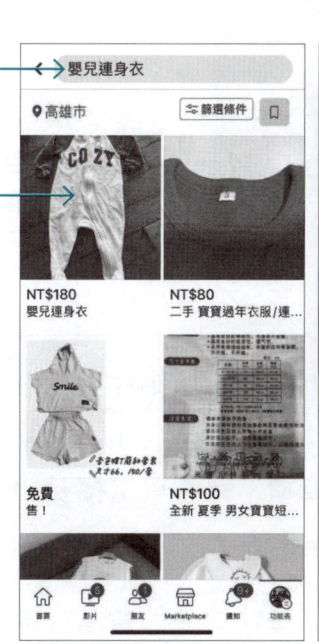

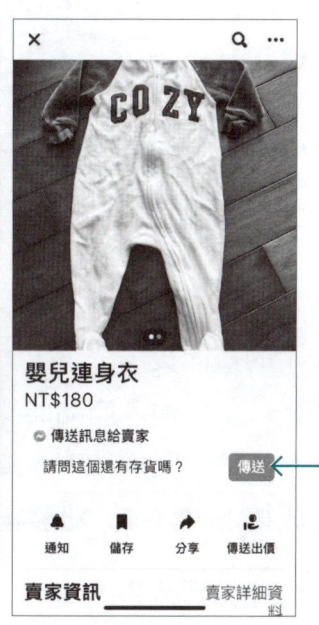

預設值會詢問商家是否還有存貨，直接按下「傳送」鈕傳送訊

各位針對喜歡的商品，還可以在商品下方先按下 鈕進行儲存，等到都搜尋完成後，再一次全部瀏覽。

6-6-4 開店也能輕鬆上手

品牌或商家也能在 Marketplace 銷售商品。相較於傳統拍賣網站，Marketplace 的流程更加簡潔快速，擁有拍照即可上架的便利性。商家只需拍下商品照片、輸入商品名稱、描述、價格、定位及選擇商品類別，就能輕鬆上架商品。由於 Marketplace 的商品資訊都是公開的，即使非臉書用戶也能查看，此舉有助於提升商品的銷售表現。

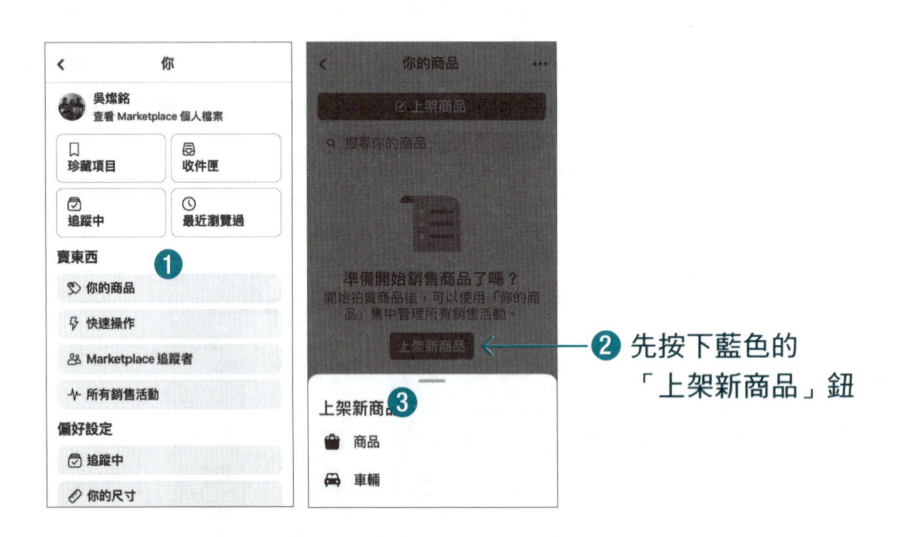

如果各位想透過 Marketplace 販賣自家店面的商品，只要在 Marketplace 上方按下「你」 鈕，在左下圖中點選「你的商品」，接著在右下圖中先按下藍色的「上架新商品」鈕，當下方的類別視窗跳出來時點選「商品」的選項，並依照商品性質選擇合適的商品類別。

❷ 先按下藍色的「上架新商品」鈕

進入「新上架」的畫面後，按下上方的「新增相片」鈕將已拍攝好的相片加入，依序輸入商品的標題、價格、類別、並加入商品的說明文字。輸入完成按下「繼續」鈕將可選擇要加入的社團，設定完成按下「發佈」鈕發送出去。

上架商品後，將能見到待售的商品。每件商品都會進行審核，一旦通過，商品狀態將標示為「銷售中」。若有其他商品欲上架，只需按照同樣的程序操作即可。若想購買某項商品，可以直接向賣家發送訊息，表明意向和出價，然後雙方可進一步確定交易細節。臉書不介入付款、交易或運輸過程，它只是一個促成交易的平台，而且完全免費，不收取任何服務費。

6-7　Instagram 行銷

　　Instagram（IG）是一款免費提供線上圖片及視訊分享的社群應用軟體，短短幾年卻吸引廣大用戶，現在無論是政府或品牌都紛紛尋找一個能接觸年輕族群的管道，而聚集了許多年輕族群的 IG 當然成了各家首選。對於行銷人員而言，需要關心 IG 的原因是能接觸到潛在受眾，尤其是 15~30 歲的受眾群體。根據天下雜誌調查，IG 在臺灣 24 歲以下的年輕用戶占 46.1%。

　　許多年輕人幾乎每天一睜開眼就先上 Instagram，關注朋友們的最新動態，使用者可以利用智慧型手機所拍攝下來的相片，透過濾鏡效果處理後變成美美的藝術相片，不但可以加入心情文字，也可以隨意塗鴉讓相片更有趣生動，然後分享到 Facebook、Flickr、Swarm、Tumblr 等社群網站。

　　由於藝術特效的加持，它讓使用者輕鬆捕捉瞬間的訊息然後與朋友分享，也可以追蹤親友了解他們的近況，還能探索全球各地的帳號，從中瀏覽自己喜歡的事物。Instagram 的崛起，代表用戶對於影像社群的興趣開始大幅提升，Instagram 比較適合擁有實體環境展示空間的產品，大量的產品和配件可以在同一個畫面中顯示的品牌，尤其是經營與時尚、旅遊、餐飲等產業相關的品牌。

● LG 使用 IG 行銷帶動新手機上市熱潮

▶ 6-7-1 IG 行銷初體驗

進入 Instagram 程式後，首先看到的是「首頁」🏠 的畫面，第一次使用 Instagram 的用戶可按下頁面中的「尋找要追蹤的朋友」鈕即可找尋有興趣的對象來進行追蹤。已是臉書上的朋友，按下 追蹤 鈕會變成 追蹤中 的狀態，如果不是朋友關係就必須得到對方的同意，所以按鈕會呈現 已要求 狀態。如右下圖所示：

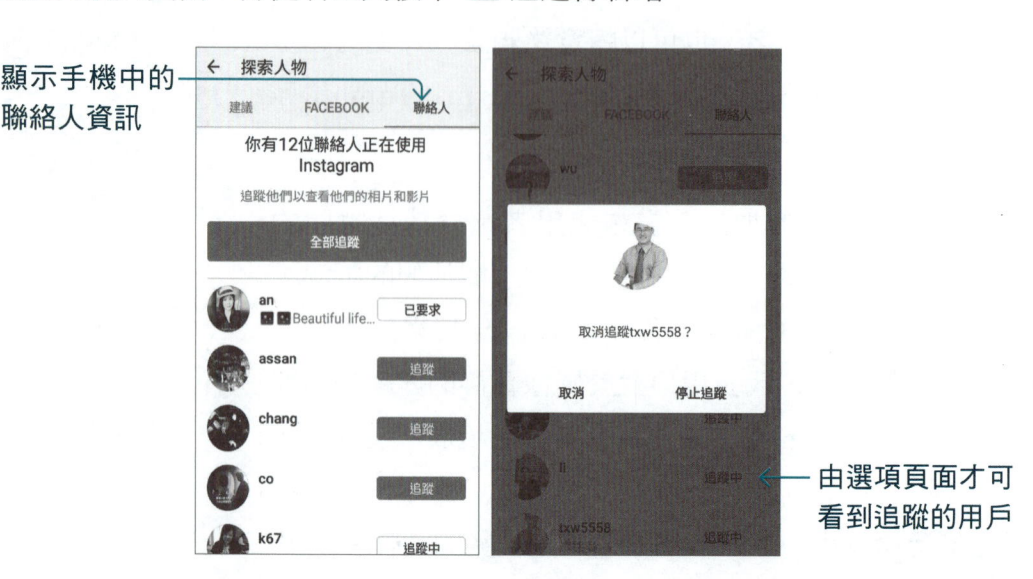

新用戶按此鈕 ── 尋找追蹤對象

發出要求給追蹤對象

除了從 Facebook 上邀請與追蹤朋友外，也可以從手機的聯絡人中選取要追蹤的對象，請切換到「聯絡人」處即可進行設定。由於「首頁」🏠 通常是顯示追蹤者所發佈的相片／影片的頁面，下回想要新增追蹤對象，由右下方按下 👤 鈕切換到個人頁面，再從右上角按下 👤➕ 鈕進行新增。

顯示手機中的聯絡人資訊

由選項頁面才可看到追蹤的用戶

各位所拍攝的相片／視訊如果只想和幾個好朋友分享與行銷，那麼可以透過「摯友名單」的功能來建立。所建立的摯友清單只有自己知道，Instagram 並不會傳送給對方知道。唯有當你分享內容給摯友時，他們才會收到通知，而在相片或影片上會加上特別的標籤，收到分享的好友們並不會知道你有傳送給那些人分享，所以相當具有隱密性。這項功能適合用在限時動態或特定貼文的分享。

請切換到個人頁面，按下中間的 ☆ 鈕會看到左下圖的頁面，按「立即建立摯友名單」的連結會進入右下圖，透過「搜尋」欄搜尋朋友名字，再依序「新增」朋友帳號即可。也可以透過「選項」鈕 鈕，找到「編輯摯友名單」的功能來進行編輯。

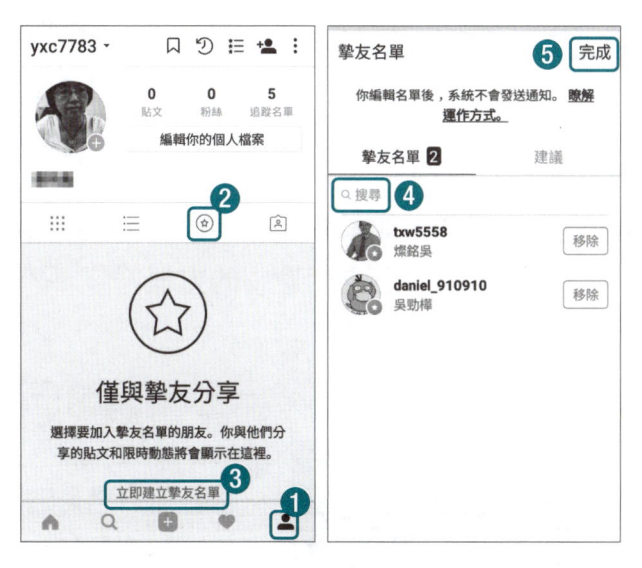

Instagram 除了追蹤親友了解他們的近況外，也可以在全球的帳戶中進行探索，請在頁面下方按下「搜尋」鈕，接著在最上方的搜尋欄上輸入想要搜尋的關鍵文字，就能在顯示的清單中快速找到相關的帳戶。如右所示，筆者想找明星「莫文蔚」，輸入「莫文」二字，即可看到「莫文蔚」了。

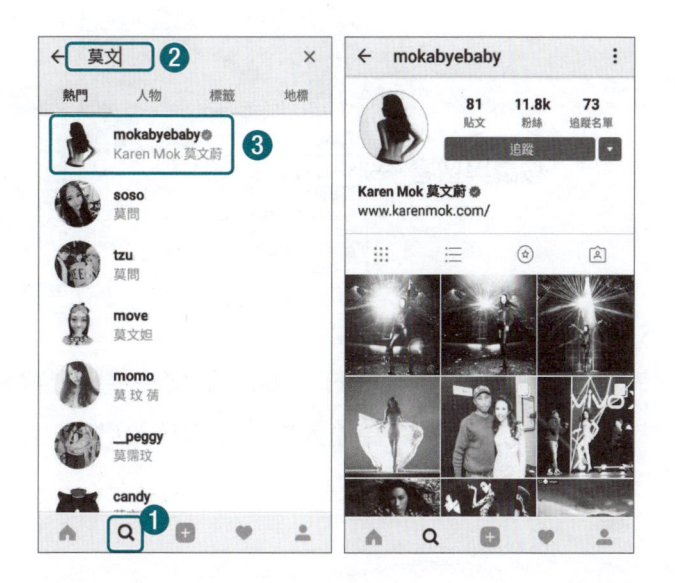

6-7-2 標籤的功用

在進行搜尋時，除了像剛剛所使用的「關鍵」文字外，也可以使用「標籤」方式。無論是在 Instagram 發佈圖片或影片，都可以在內文中使用標籤，能夠讓使用者將有興趣的主題有效連結，只要在字句前加上 #，便形成一個標籤，用以搜尋主題。標籤是全世界 Instagram 用戶的共通語言，使用者可以在貼文裡加上別人會聯想到自己的主題標籤，透過標籤功能，所有用戶都可以搜尋到你的貼文，你也可以透過主題標籤找尋感興趣的內容。

對於他人所分享的相片/影片，如果喜歡的話可在相片/影片下方按下 ♡ 鈕，它會變成紅色的心型 ♥，這樣對方就會收到通知。如果想要留言給對方，則是按下 ◯ 鈕，就可以在「留言回應」的方框中進行留言。

● 標籤 #BMW 是 Instagram 上人氣最高的品牌標籤之一

各位可以發現，右上圖的貼文中還包含很多的標籤「#」，這樣當使用者進行主題探索時，只要輸入與上面所列的任一文字，就有可能被用戶搜尋到。

▶ 6-7-3 強大的濾鏡功能

利用 IG 來行銷，主要的原因還是以「圖像分享」為主的定位，讓使用者可以更輕鬆地「看圖說故事」，對於哪些圖片風格較容易吸引用戶眼球，進而從中將藝術和市場行銷學進行結合，必須有一定充分了解，具有 IG 效果的圖像，會傳遞顧客最真實與享受的情緒，更對於品牌產生一定的影響性。

例如 Instagram 有非常強大的濾鏡功能，使他快速竄紅成為近幾年的人氣社群平台，累積大量的用戶。當各位選取素材後進入「下一步」會看到濾鏡的設定，各位可以透過指尖左右滑動來套用各種效果，它會立即顯示在相片上。接著「下一步」就是設定貼文內容、標註人名與標註地點，如果只是要與摯友分享請開啟該功能，若是要分享到 Facebook、Tumblr 等社群網站，則是在下方進行點選使開啟該功能，按下「分享」鈕，相片 / 影片即可傳送出去。

濾鏡效果的選取 →

← 人物 / 地點標記與分享對象設定

Instagram 所提供的「相機」功能，不但可以拍相片、做直播、製作有聲的超級變焦、倒轉、也可以執行一按即錄的功能，讓使用者在錄影時不用一直按著錄影的按鈕。Instagram 的「直播」功能和 Facebook 的直播功能略有不同，它可以在下方留言或加愛心圖示，也會顯示有多少人看過，但是 Instagram 的直播內容並不會變成影片，而且會完全的消失。

請在「首頁」左上方按下「相機」鈕，進入拍照狀態時由下方透過手指左右滑動，即可進行拍照模式的切換。

電子商務實務與 ChatGPT 應用

圖庫只會顯示 24 小時內所處理過的圖相片

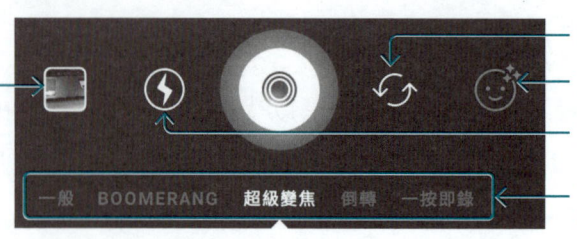

鏡頭位置變換
加入人物裝飾物
加入閃光燈
以手指左右滑動切換拍照模式

在模式切換的上方還有一排按鈕，按下 ⚡ 鈕會開啟相機的閃光燈功能，方便在灰暗的地方進行拍照。🔄 鈕用來做前景拍攝或自拍的切換，而 😊 鈕則是讓使用者自拍時，可以加入各種不同的裝飾圖案。

當按下 😊 鈕時，下方會有各種的效果圖案供各位選擇，選取後畫面也會提供一些指示，只要跟著指示進行操作即可，如左下圖所示，點點頭是做出睡覺的樣子，而點選右下圖的眼鏡可變換鏡框的造型與反射的景致。選定後按下白色圓形按鈕即可進行拍照。

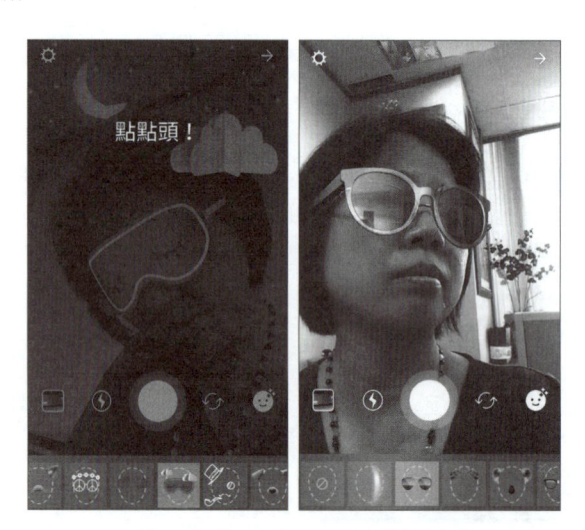

● 選用縮圖可套用不同裝飾圖案

拍下相片後，相片上方會看到如圖的幾個按鈕：

捨棄拍照　儲存在圖庫中　插圖　塗鴉　文字

例如拍攝產品圖片可以透過把產品的使用情況與現實的生活場景融合，點選「插圖」😊 鈕會在相片上顯示如下的設定窗，想要加入地點、時間、溫度、插圖、表情圖案、或是為人物加入特殊眼鏡、新奇的帽子都不是問題，利用手指左右或上下滑動就可以進行頁面切換或圖案的瀏覽。

130

6-8 YouTube 行銷

在這個講究視覺體驗的年代，影音行銷是近十年來才開始成為網路消費導流的重要方式，每個行銷人都知道影音行銷的重要性，比起文字與圖片，透過影片的傳播，更能完整傳遞商品資訊，消費者漸漸也習慣喜歡在 YouTube 上尋求商業建議，甚至於「現在很多好的廣告影片，比著名電影還好看！」好的廣告就如同演講家，說到心坎處，自然能引人入勝。

根據 Yahoo! 的調查顯示，平均每月有 84% 的網友瀏覽線上影音，在 YouTube 上有超過 13.2 億的使用者，每天的影片瀏覽量高達 49.5 億，使用者可透過網站、行動裝置、網誌、臉書和電子郵件來觀看分享各種五花八門的影片，任何人只要擁有 Google 帳戶，都可以在此網站上傳與分享個人錄製的影音內容，各位可曾想過 YouTube 也可以是店家影音行銷的利器嗎？

YouTube 廣告效益相當驚人！藍色區塊都是可用的廣告區。

YouTube 可以作為企業或店家傳播品牌訊息的通道，透過用戶數據分析，顯示客製化的推薦影片，使用者能夠花更多時間停留在 YouTube，順便提供消費者實用的資訊，更可以拿來投放廣告，因此許多企業開始使用 YouTube 影片放送付費廣告活動，這樣不但能更有效鎖定目標對象，還可以快速找到有興趣的潛在消費者。

所謂 YouTuber，就是指以 YouTube 為主要據點的網路紅人，不管是學生、家庭主婦或是上班族，都紛紛以成為 YouTuber 為新興時代的賺錢職業，為什麼許多店家與品牌搶著用 YouTuber？因為他們是真正網路社群的「地下傳播司令」，不僅擁有豐厚的收入，同時還是網路上的風雲人物，這也是 YouTuber 為何能在這個時代大放異彩，而且未來會扮演越來越重要的角色。

YouTuber 的影片是否受歡迎的因素相當多種，包含了影片內容、創意、行銷模式、圖片、圖示數據分析、文字說明等，都會影響影片的點擊率只要你的內容讓人很容易共鳴，看了就有分享給朋友的衝動，那麼這支影片就很容易成為爆紅影片，更重要是要更新頻率要高，還要選擇在最多用戶在線的時間發佈影片，最容易讓品牌迅速曝光，才有機會快速觸及大眾。

YouTuber 絕對有潛力為品牌或個人帶來龐大的流量，也是網路行銷非常重要的一個環節，人氣大的 YouTuber 頻道，不但是粉絲多，影響力也大。各位想要成為一位 YouTuber，首先就是要在 YouTube 擁有自己的頻道，不但讓你方便的整理所有的影片，也才能上傳自己的影片、發表留言、或是建立播放清單。首先請各位在 Google 瀏覽器上登入 Google 帳戶後，瀏覽器右上角會顯示你的名稱，由「Google 應用程式」▦ 鈕下拉選擇「YouTube」圖示，就能進入個人的 YouTube 帳戶。

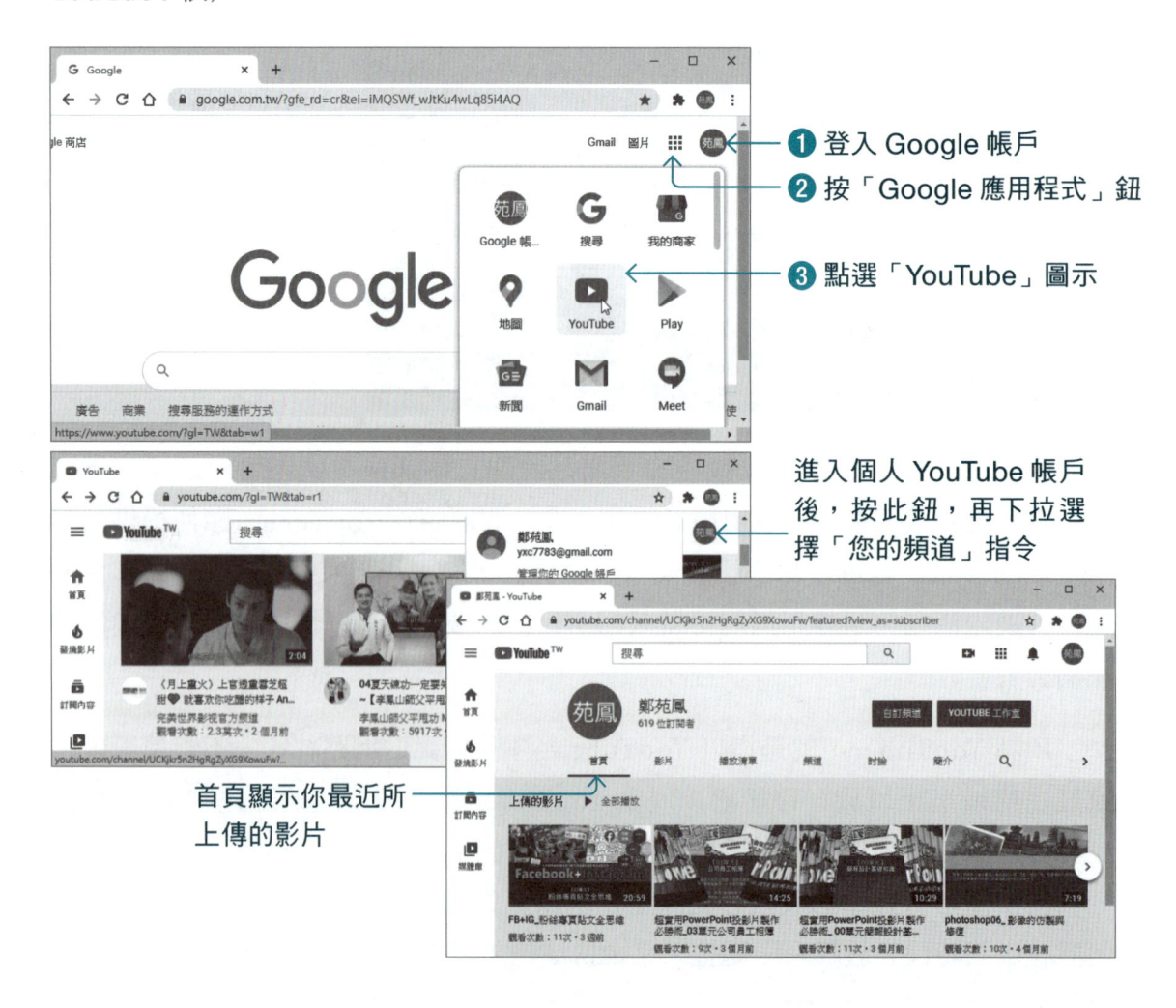

❶ 登入 Google 帳戶
❷ 按「Google 應用程式」鈕
❸ 點選「YouTube」圖示

進入個人 YouTube 帳戶後，按此鈕，再下拉選擇「您的頻道」指令

首頁顯示你最近所上傳的影片

以往許多品牌運用 YouTube 行銷的時候，只能獨立上傳影片，無法建立自己的一個影片頻道，將影片進行分類展示和管理。現在在個人 YouTube 帳戶下，你可以透過品牌帳戶來建立頻道，讓品牌擁有各自的帳戶名稱與圖片，這樣可以和個人帳戶區隔開來。對於行銷人員來說，通常按照影片內容主題定位不同頻道是對的，也可以同時經營與管理多個頻道而不會互相影響，更能讓潛在的客戶有系統獲得企業希望傳達的相關影片。

一個品牌帳戶會有一個主要擁有者，他可以管控整個品牌帳戶的擁有者和管理者，讓多人一起管控這個帳戶，而管理者可在 Google 相簿上共享相片，或是在 YouTube 上發佈影片。如果有自己的商家或品牌，就可以透過以下的方式來建立品牌帳戶：

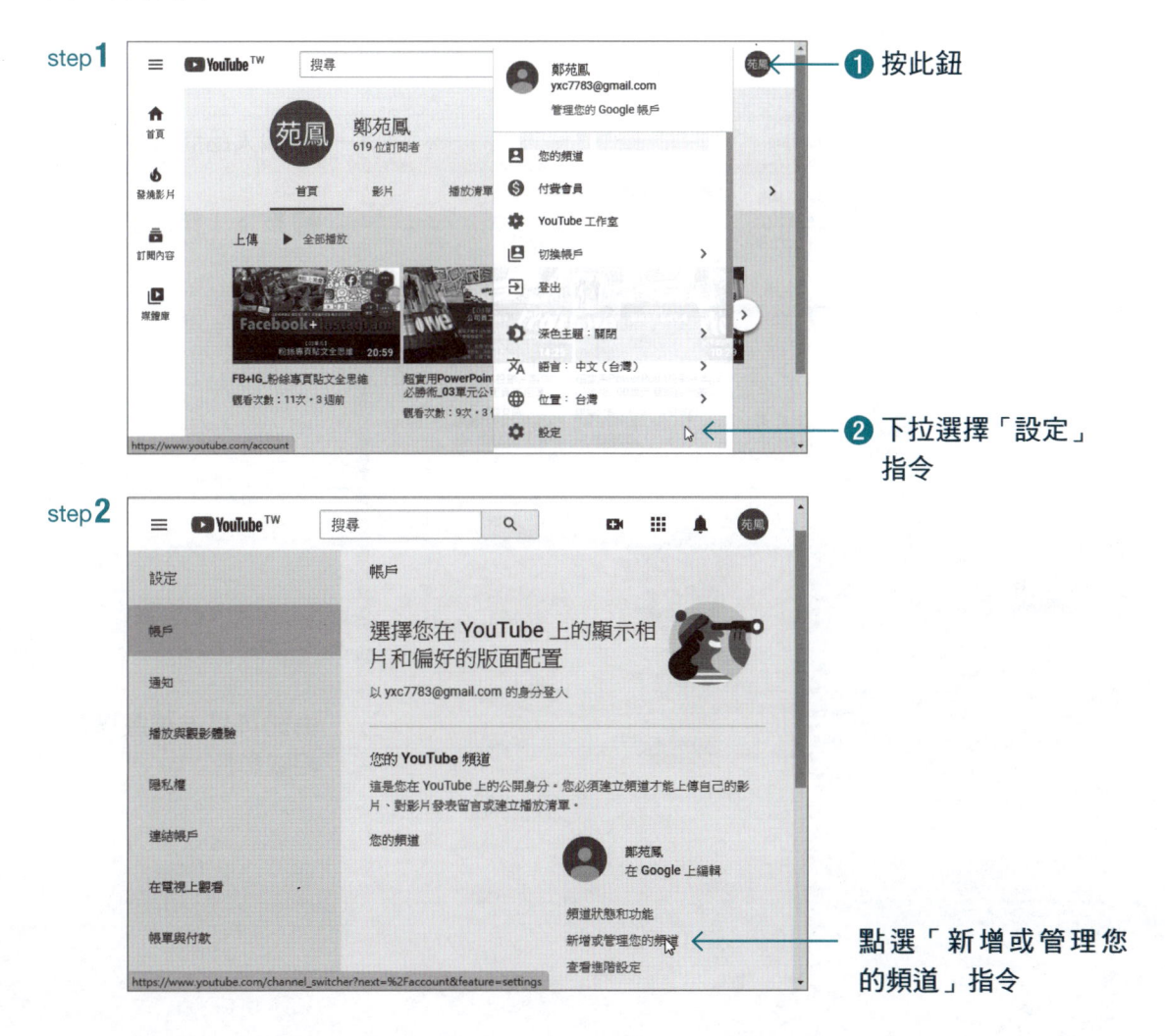

step 1

❶ 按此鈕

❷ 下拉選擇「設定」指令

step 2

點選「新增或管理您的頻道」指令

133

step 3 按下「建立新頻道」鈕

step 4
1. 輸入品牌帳戶名稱
2. 按下「建立」鈕

step 5
顯示新建立品牌的首頁

由此可以上傳品牌的相關影片

▶ 6-8-1 YouTube 購物（YouTube Shopping）簡介

YouTube 購物是 YouTube 平台上的一項功能，主要的功能在讓創作者和品牌能更直接地推廣和銷售產品。透過 YouTube 購物功能，觀眾可以直接從影片內容點擊到商品的銷售頁面。底下是 YouTube 購物（YouTube Shopping）的功能簡介：

1. 產品展示連結：創作者可以在其影片中嵌入自家商店的連結，讓觀眾直接看到並購買產品。
2. 商品標記：允許創作者在影片中標記合作品牌的產品，使觀眾可直接連結到該商品的銷售頁面。
3. 分析工具：提供相關的數據分析，讓創作者能夠了解標記產品的成效、點擊率和銷售轉換率等。

要具備 YouTube 購物的使用資格可能會根據地區、頻道的訂閱者數量、觀看時數及其他因素有所不同。一般來說，創作者需要一些條件，它是有一點的門檻，條件如下：

1. 擁有一定數量的訂閱者（具體數量可能因地區而異）。
2. 符合 YouTube 合作夥伴計畫（YouTube Partner Program, YPP）資格。
3. 維持良好的社群守則紀錄，沒有嚴重違規行為。
4. 有一定的影片觀看時數。

不過，YouTube 的政策和資格要求可能會不定期更新，因此建議直接查看 YouTube 的官方資源或說明頁面以獲得最新資訊。我們就以誰有資格參加 2023 年 YouTube 合作夥伴計畫為例，根據 YouTube 合作夥伴計劃（YPP）的最新指南，資格條件如下：

1. 獲得 500 名訂閱者。
2. 過去 90 天內有 3 次公開上傳影片。
3. 過去一年的觀看時間為 3,000 小時，或過去 90 天內的 Shorts 觀看次數為 300 萬次。

如果各位有興趣進一步了解如何使用 YouTube 購物功能，可以參閱底下網址的線上文件說明。

https://support.google.com/youtube/answer/12257682?hl=zh-Hant

建議也可以參考下圖網頁的介紹，這個網頁中詳細描述如何開始使用 YouTube Shopping，及如何將商店商品上傳至 YouTube 的完整操作流程，如下圖所示：

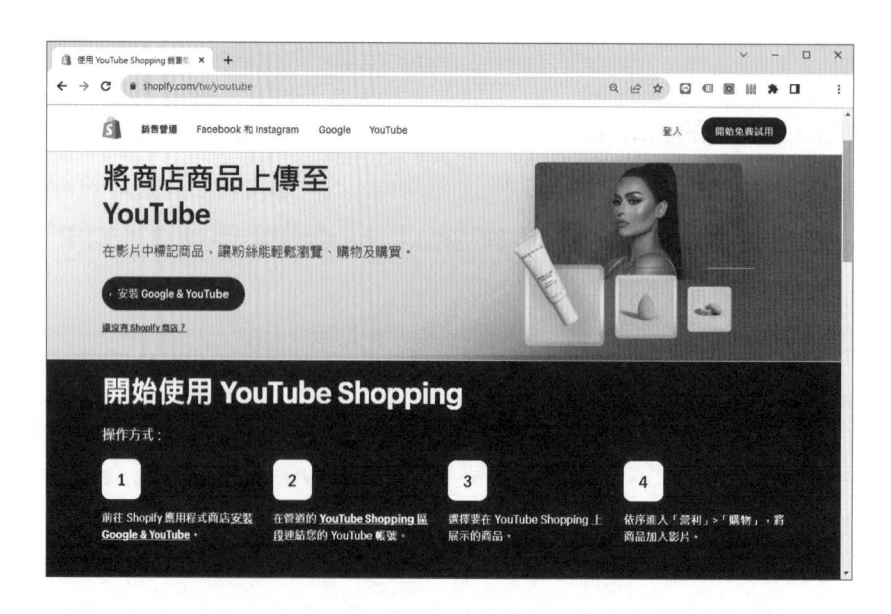

Chapter 6 重點整理

1. 彼得・杜拉克（Peter F. Drucker）曾經提出：「行銷（marketing）的目的是要使銷售（sales）成為多餘，行銷活動是要造成顧客處於準備購買的狀態。」

2. 彼得・杜拉克（Peter F. Drucker）曾經說過，商業的目的不在「創造產品」，而在「創造顧客」，企業存在的唯一目的就是提供服務和商品去滿足顧客的需求

3. Webinar一字來自seminar，是指透過網路舉行的專題討論或演講，稱為「網路線上研討會」（Web Seminar 或 Online Seminar）。目前多半可以透過社群平台的直播功能，提供演講者與參與者更多互動的新式研討會。

4. 網路行銷可以看成是企業整體行銷戰略的一個組成部分，是為實現企業總體經營目標所進行，網路行銷是一種雙向的溝通模式，能幫助無數在網路成交的電商網站創造訂單創造收入。

5. 網路行銷的定義就是藉由行銷人員將創意、商品及服務等構想，利用通訊科技、廣告促銷、公關及活動方式在網路上執行。

6. 網路行銷並非單單只是意味著「建立你的網站」或者「廣告你的網站」，相較於實體或傳統行銷，網路最大的特色就是打破了空間與時間的藩籬，買賣雙方可以立即回應，可以有效提高行銷範圍與加速資訊的流通。

7. 長尾效應（The Long Tail）其實是全球化所帶動的新現象，只要通路夠大，非主流需求量小的商品總銷量也能夠和主流需求量大的商品銷量抗衡。

8. 只要企業市場或通路夠大，透過網路科技的無遠弗屆的伸展性，過去一向不被重視，在統計圖上像尾巴一樣的小眾商品，因為全球化市場的來臨，可能就會成為具備意想不到的大商機。

9. 串流媒體（Streaming Media）是近年來熱門的一種網路多媒體傳播方式，它是將影音檔案經過壓縮處理後，再利用網路上封包技術，將資料流不斷地傳送到網路伺服器，而用戶端程式則會將這些封包一一接收與重組，即時呈現在用戶端的電腦上，讓使用者可依照頻寬大小來選擇不同影音品質的播放

10. 虛擬實境技術（Virtual Reality Modeling Language, VRML）是一種程式語法，主要是利用電腦模擬產生一個三度空間的虛擬世界，提供使用者關於視覺、聽覺、觸覺等感官的模擬，利用此種語法可以在網頁上建造出一個3D的立體模型與立體空間。

11. 擴增實境（Augmented Reality, AR）就是一種將虛擬影像與現實空間互動的技術，透過攝影機影像的位置及角度計算，在螢幕上讓真實環境中加入虛擬畫面，強調的不是要取代現實空間，而是在現實空間中添加一個虛擬物件，並且能夠即時產生互動，各位應該看過電影鋼鐵人在與敵人戰鬥時，頭盔裡會自動跑出敵人路徑與預估火力，就是一種AR技術的應用。

12. 行銷組合的4P理論是指行銷活動的四大單元，包括產品（Product）、價格（Price）、通路（Place）與促銷（Promotion），也就是選擇產品、訂定價格、考慮通路與進行促銷。

13. 價格策略又稱定價策略，主要研究產品的定價、調價等，企業可以根據不同的市場定位，配合制定彈性的價格策略，其中市場結構與效率都會影響定價策略，包括了定價方法、價格調整、折扣及運費等。

14. 通路（Place）是由介於廠商與顧客間的行銷中介單位所構成，通路運作的任務就是在適當的時間，把適當的產品送到適當的地點，由生產者移轉給最終消費者或使用者之過程。

15. 推廣（Promotion）或者稱為促銷，就是將產品訊息傳播給目標市場的活動，透過促銷活動試圖讓消費者購買產品，以短期的行為來促成消費的增長。

16. 在網路行銷的時代，產品的內容包括實體產品與虛擬產品兩種，實體產品有電視、電腦、衣服、書籍文具等，虛擬產品就是無實體的商品，包括服務、數位化商品、影片、電子書、軟體等。

17. 傳統的定價方式將消費者排斥到定價體系之外，沒有充分考慮消費者的利益和承受能力，由於網路購物能降低中間商成本，並進行動態定價，企業應設法做到在消費者容忍的價格限度內增加利潤，真正充分考慮顧客願意支付的成本。

18. 美國行銷學家溫德爾·史密斯（Wended Smith）在 1956 年提出的 S-T-P 的概念，STP 理論中的 S、T、P 分別是市場區隔（Segmentation）、目標市場目標（Targeting）和市場定位（Positioning）。

19. 市場區隔（Segmentation）是指任何企業都無法滿足所有市場的需求，應該著手建立產品的差異化，選擇最有利可圖的區隔市場。

20. 市場目標（Targeting）是指完成市場區隔後，就可以依照我們的區隔來進行目標的選擇，也就是透過市場細分，有利於明確目標市場，然後針對產品所要推銷的客戶族群與主要客源市場，就其規模大小、成長、獲利、未來發展性等構面加以評估，從中選擇適合的區隔做為目標對象

21. 市場定位（Positioning）是檢視公司商品能提供之價值，根據產品提供的利益或需求滿足來定位，為自己立下一屬於品牌本身的獨特風格或地位。品牌定位是 STP 的最後一步驟，透過定位策略，行銷人員可以讓企業的品牌與眾不同，並有效地與消費者進行溝通，深植入消費者的心中。

22. 所謂網紅（Internet Celebrity）就是經營社群網站來提升自己的知名度的網路名人，也稱為 KOL（Key Opinion Leader），能夠在特定專業領域對其粉絲或追隨者有發言權及重大影響力的人。

23. 關鍵字廣告（Keyword Advertisements）是許多商家網路行銷的入門選擇之一，它的功用可以讓店家的行銷資訊在搜尋關鍵字時，會將店家所設定的廣告內容曝光在搜尋結果最顯著的位置，讓各位以最簡單直接的方式，接觸到搜尋該關鍵字的網友所而產生的商機。

24. 目標關鍵字（Target Keyword）就是網站確定的主打關鍵字，也就是網站上目標使用者搜索量相對最大與最熱門的關鍵字，會為網站帶來大多數的流量，並在搜尋引擎中獲得排名的關鍵字。

25. 電子報行銷（Email Direct Marketing）也是一個主動出擊的網路廣告戰術，多半是由使用者訂閱，再經由信件或網頁的方式來呈現行銷訴求，而成效則取決於電子報的設計和內容規劃。

26. 搜尋引擎最佳化（SEO）也稱作搜尋引擎優化，是近年來相當熱門的網路行銷方式，就是一種讓網站在搜尋引擎中取得 SERP 排名優先方式，說穿了就是運用一系列方法讓搜尋引擎更了解你的網站內容。

27. 搜尋引擎結果頁（Search Engine Results Page, SERP）是使用關鍵字，經搜尋引擎根據內部網頁資料庫查詢後，所呈現給使用者的自然搜尋結果的清單頁面，SERP 的排名是越前面越好。

28. 點閱率（Click Though Rate, CTR）或稱點擊率，是指在廣告曝光的期間內有多少人看到廣告後決定按下的人數百分比，也就是是指廣告獲得的點擊次數除以曝光次數的點閱百分比。

29. 社群已經成為 21 世紀的主流媒體，從資料蒐集到消費，人們透過這些社群作為全新的溝通方式，由於這些網路服務具有互動性，還可以透過社群力量，能夠讓大家在共同平台上，彼此快速溝通與交流，將想要行銷品牌的最好面向展現在粉絲面前。

30. 社群商務（Social Commerce）的定義就是社群與商務的組合名詞，透過社群平台獲得更多顧客，由於社群中的人們彼此會分享資訊，相互交流間接產生了依賴與歸屬感，並利用社群平台的特性鞏固粉絲與消費者，不但能提供消費者在社群空間的討論分享與溝通，又能滿足消費者的購物慾望，更進一步能創造企業或品牌更大的商機。

Chapter 6 ◆ 學習評量

一、選擇題

( ) 1. 美國行銷學家溫德爾‧史密斯（Wended Smith）在1956年提出的S-T-P的概念，不包含下列哪個項目？
(A) 市場區隔　　　　　　　　(B) 市場通路
(C) 市場定位　　　　　　　　(D) 目標市場

( ) 2. 行銷組合的 4P 理論，包括下列哪個單元？
(A) 產品（Product）　　　　　(B) 價格（Price）
(C) 促銷（Promotion）　　　　(D) 以上皆是

( ) 3. 下列哪種是小面積的廣告形式，可放在網頁任何地方，因為面積小，收費較低，較符合無法花費大筆預算的廣告主？
(A) 橫幅廣告（Banner）　　　(B) 按鈕式廣告（Button）
(C) 彈出式廣告（pop-up ads）　(D) widget 廣告

( ) 4. 搜尋引擎對你的網站有好的評價，就會提高網站在 SERP 內的排名，以下哪一種沒有 SEO 的功用？
(A) 網站頁面內（on-page）優化　(B) 頁面外（off-page）優化
(C) 相關連結優化　　　　　　(D) 圖片放大

( ) 5. 企業或品牌利用最少的方法主動進行宣傳，在討論區引爆話題，造成人與人之間的口耳相傳，稱為
(A) 蜂鳴行銷　　　　　　　　(B) 聯盟行銷
(C) 關鍵字行銷　　　　　　　(D) 內容行銷

( ) 6. 下列何者不是 Facebook 粉絲專頁的六大類別？
(A) 政府與公務機關　　　　　(B) 地方性商家或地標
(C) 公司組織或機構　　　　　(D) 品牌或商品

二、問答題

1. 網路行銷的定義為何?

2. 試簡述 STP 理論。

3. 試簡述行銷組合的 4P 理論。

4. 何謂 Widget 廣告?

5. 試簡述病毒式行銷（Viral Marketing）。

6. 何謂彈出式廣告（Pop-Up Ads）?

7. 試簡述電子報行銷（Email Direct Marketing）。

8. 關鍵字行銷的作法為何?

9. 何謂目標關鍵字（Target Keyword）?

10. 何謂搜尋引擎最佳化（Search Engine Optimization, SEO）？

11. 何謂搜尋引擎結果頁（Search Engine Results Page, SERP）？

12. 試簡述標籤的功用。

網路的蓬勃發展影響了人們的生活,帶來便利生活和豐富的商務世界,隨著電子商務與傳統行業的加速融合,利用網路從事交易的消費行為日趨增加,不但提供新型態的網路交易模式,也創造出極大的線上商機。

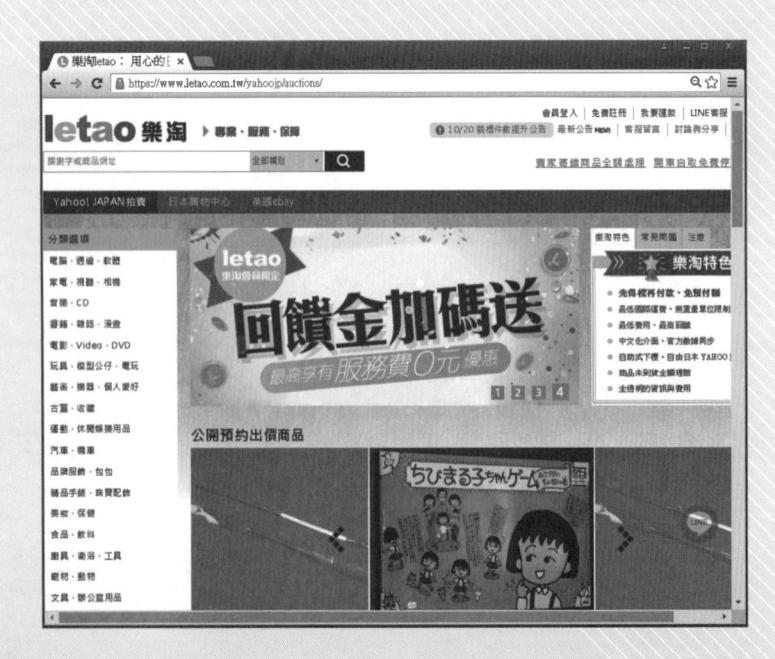

◀ 電子商務在不同國家有不同法律規範

Chapter 7

電子商務安全與法律相關議題

在網路的世界上，雖然並無國界可言，但是網路世界並非就因此不受現實世界中法律或倫理所拘束。由於電子商務本身的開放性、全球性、方便性等特徵，也給電子商務帶來諸多的安全隱憂。目前電子商務的發展受到最大的考驗，就是許多網路安全與法律上的問題，例如駭客、電腦病毒、網路竊聽、侵犯隱私權與著作權等相關議題，本章中將會跟各位討論電子商務領域各種的安全法律議題。

> **TIPS**
>
> 由於傳統的法律規定與商業慣例，限制網上交易的發展空間，我國政府於民國90年11月14日為推動電子交易之普及運用，確保電子交易之安全，促進電子化政府及電子商務之發展，特制定「電子簽章法」，並自2002年4月1日開始施行，希望透過賦予電子文件和電子簽章法律效力，建立可信賴的網路交易環境。

學習焦點

- 網路安全與犯罪
- 駭客攻擊
- 零時差攻擊
- 網路釣魚
- 電腦病毒
- 侵犯資訊隱私權
- 創用CC授權
- 盜取資訊財產權
- 影片使用爭議
- 定位資訊的濫用
- 網域名稱權爭議

7-1 網路安全與犯罪簡介

網路本身原本只是電腦跟一些網路與連結設備的組合，本身原本並沒有什麼危險性，至於談到網路安不安全的問題，主要還是在於當利用網路傳輸資料時，有關資料是否遺失、毀損、或是被人盜取的種種相關問題。如果從更實務面的角度來看，那麼網路安全所涵蓋的範圍，就包括駭客問題、隱私權侵犯、網路交易安全、網路詐欺與電腦病毒等問題。

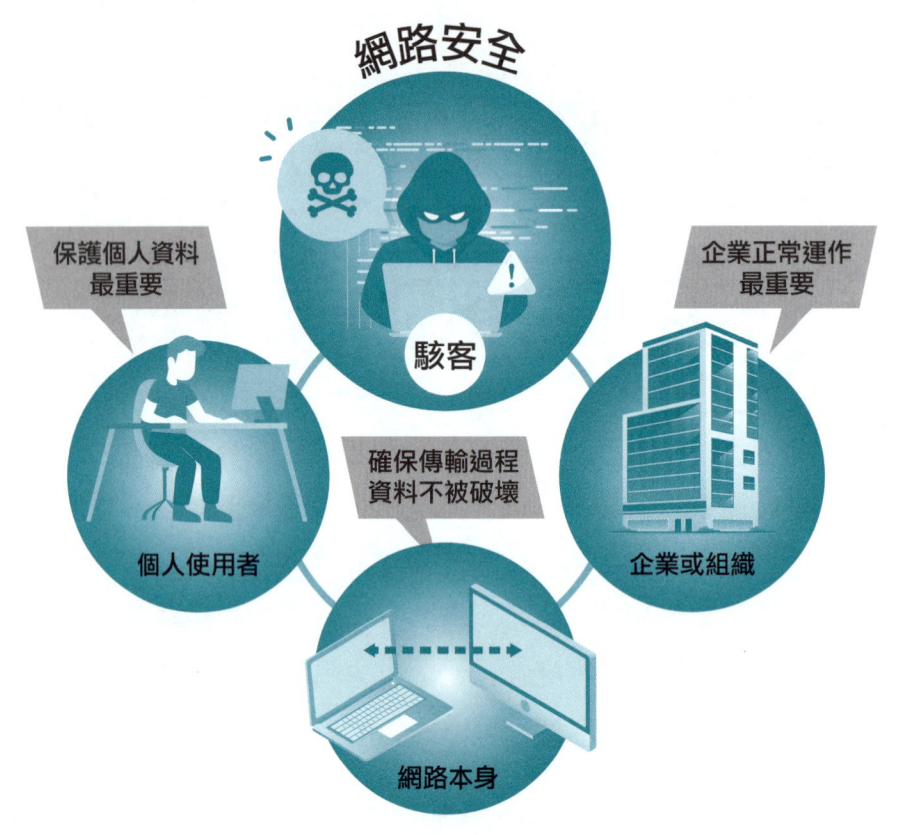

● 不同使用對象對網路安全的需求並不相同

> **TIPS**
>
> 社交工程陷阱（Social Engineering）是利用大眾的疏於防範的資訊安全攻擊方式，例如利用電子郵件誘騙使用者開啟檔案、圖片、工具軟體等，從合法用戶中套取用戶系統的秘密，例如用戶名單、用戶密碼、身分證號碼或其他機密資料等。

7-1-1 駭客攻擊

● 駭客藉由 Internet 隨時可能入侵電腦系統

駭客（Hacker）是專門侵入他人電腦，並且進行破壞的行為的人士，目的可能竊取機密資料或找出該系統防護的缺陷，藉由 Internet 侵入對方主機，接著可能偷窺個人私密資料、毀壞網路更改或刪除檔案、上傳或下載重要程式攻擊伺服器等。以下列出四種駭客常見攻擊的方式：

駭客攻擊方式	說明與介紹
癱瘓服務攻擊	利用程式編寫技巧，讓使用者在不知不覺中執行該程式，然後造成電腦系統或伺服器持續地執行某項工作，直到電腦資源耗用完畢為止。
郵件炸彈程式	利用此程式在短時間內，發送數百甚至數千封的郵件到信箱中，會造成使用者的信箱空間超過容量外，網路中的路由器也會造成擁塞或耗盡資源的現象。
伺服器漏洞	另外一種網路安全的漏洞，就是伺服器軟體設計時的疏失，透過這個漏洞有許多方式能夠入侵電腦、竊取或刪除任何檔案。
特洛伊式木馬	通常會透過特殊管道進入使用者的電腦系統中，然後伺機執行如格式化硬碟、刪除檔案、竊取密碼等惡意行為。

TIPS

零時差攻擊（Zero-day Attack）就是當系統或應用程式上被發現具有還未公開的漏洞，但是在使用者準備更新或修正前的時間點所進行的惡意攻擊行為，往往造成非常大的危害。

7-1-2 網路竊聽

我們知道在網路連線路徑，所傳送的資料在這些網路區段中進行傳輸時，大部分都是採取廣播方式來進行，因此有心竊聽者不但可能擷取網路上的封包進行分析，也可以直接在網路閘道口的路由器設個竊聽程式，來尋找帳號、密碼、信用卡卡號等私密性質的內容，並利用這些進行系統的破壞或取得不法利益。

> **TIPS**
> 點擊欺騙（Click Fraud）是發佈者或者他的同伴對 PPC（Pay by Per Click，每次點擊付錢）的線上廣告進行惡意點擊，因而得到相關廣告費用。

7-1-3 網路釣魚

「網路釣魚」（Phishing）是 phreak（偷接電話線的人）和 fishing（釣魚）兩個字的組合，為一種新興的網路詐騙手法，主要是以電腦做為犯罪工具，利用偽造電子郵件與網站作為「誘餌」，輕則讓受害者不自覺洩漏私人資料，例如誘騙受害者的銀行帳號密碼、信用卡號與身分證字號等個人機密資料等。過去刑事局就曾查獲國內一名十六歲的五專生，利用「網路釣魚」冒充「雅虎奇摩網站客服中心」名義，騙取會員的帳號、密碼資料。

> **TIPS**
> 跨網站腳本攻擊（Cross-Site Scripting, XSS）是當網站讀取時，執行攻擊者提供的程式碼，例如製造一個惡意的 URL 連結（該網站本身具有 XSS 弱點），當使用者端的瀏覽器執行時，可用來竊取用戶的 cookie，或者後門開啟或是密碼與個人資料之竊取，甚至於冒用使用者的身分。

▶ 7-1-4 電腦病毒

● 病毒會在某個時間點發作與從事破壞行為

電腦病毒（Computer Virus）就是一種具有對電腦內部應用程式或作業系統造成傷害的程式；它可能會不斷複製自身的程式或破壞系統內部的資料，例如刪除資料檔案、移除程式或摧毀在硬碟中發現的任何東西。不過並非所有的病毒都會造成損壞，有些只是顯示令人討厭的訊息，或者電腦速度突然變慢，甚至經常莫名其妙的當機，或者螢幕上突然顯示亂碼，出現古怪的畫面或播放奇怪的音樂聲。

7-2 電子商務相關法律議題

電子商務是今日行銷企業或商品重要的方式，個人或企業從事網路行銷活動，相信不少人或多或少都有參與的經驗，雖然網路是一個虛擬的世界，但仍然要受到相關法令的限制。在電子商務快速發展的同時，例如「智慧財產權」（Intellectual Property Rights, IPR）所牽涉的範圍也越來越廣，在智慧財產權的範疇內，特別與著作權息息相關，接下來就要介紹一些較為常見的相關法律爭議問題。

▶ 7-2-1 網站圖片與影片

● 國立故宮博物院上的任何圖片都必須取得正式授權

各位應該都有這樣的經驗，有時因為電商網站設計或進行網路行銷時，需要到網路上找素材（文章、音樂與圖片），不免都會有著作權的疑慮，一般人因為害怕造成侵權行為，卻也不敢任意利用。有不少店家直接從網路抓圖來用，如果未經由網站管理或設計者的同意就將其加入到自己的網頁內容中，就會構成侵權的問題，或者從網路直接下載圖片，再修正圖形或加上文字做成海報，都可能侵害到重製權或改作權。

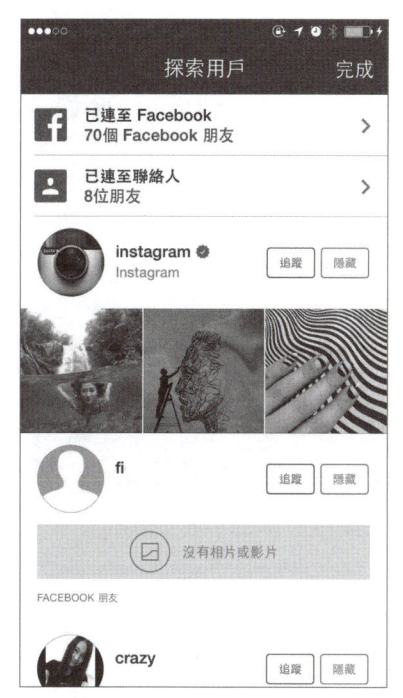

● 社群平台上的相片與圖片不能隨便拿來使用

　　資訊財產權，是指資訊資源的擁有者對於該資源所具有的相關附屬權利。例如 YouTube 上影片使用權的問題，許多網友經常隨意把他人的影片或音樂放上 YouTube 供人欣賞瀏覽，雖然沒有營利行為，但也造成許多糾紛，甚至有網友非法上傳影音檔案，這就是盜取別人的資訊財產權。

> **TIPS**
> 　　近年來網路社群與自媒體經營盛行，現代人觀念的改變，多數人也樂於分享，在網路上發展出另一種新的著作權分享方式，就是目前相當流行的「創用 CC」授權模式。創用 CC（Creative Commons）授權是源自著名法律學者美國史丹佛大學 Lawrence Lessig 教授於 2001 年在美國成立 Creative Commons 非營利性組織，目的在提供一套簡單、彈性的「保留部分權利」（Some Rights Reserved）著作權授權機制，主要精神是來自於善意換取善意的良性循環，不僅不會減少對著作人的保護，同時也讓使用者在特定條件下能自由使用這些作品。

● YouTube 上的影音檔案也擁有資訊財產權

7-2-2 侵犯資訊隱私權

隱私權在法律上的見解，就是一種「獨處而不受他人干擾的權利」，屬於人格權的一種，「資訊隱私權」則是討論有關個人資訊的保密或予以公開的權利，也就是個人有權決定對其資料是否開始或停止被他人收集、處理及利用的請求，並進而擴及到什麼樣的資訊使用行為，可能侵害別人的隱私和自由的法律責任。

> **TIPS**
> 在國內經過各界不斷的呼籲與努力，法務部歷經數年審議，終於 99 年 4 月 27 日完成三讀，同年 5 月 26 日總統公布「個人資料保護法」。個資法立法目的為規範個人資料之蒐集、處理及利用，個資法的核心是為了避免人格權受侵害，並促進個人資料合理利用，個資法更加強保障個人隱私，遏止過去個人資料嚴重的不當使用。

當用戶造訪網站時，瀏覽器會檢查正在瀏覽的 URL 並查看用戶的 cookie 檔，如果瀏覽器發現和此 URL 相關的 cookie，會將此 cookie 資訊傳送給伺服器。許多網站經營者可以利用 Cookies 來瞭解到使用者的造訪記錄，透過諸如線上購物、抽獎或免費活動報名等，取得網路使用者的資料例如造訪次數、瀏覽過的網頁、購買過哪些商品，透過這些資訊可用於追蹤人們上網的情形，並協助統計人們最喜歡造訪何種類型的網站。這種在未經網路使用者或消費者同意的情況下，收集、處理、流通甚至公開其個人資料，都凸顯出個人隱私保護與商業利益間的爭議問題。

> **TIPS**
> 購物網站將個人資料商業化，以及濫發電子廣告信，電子廣告信不但不會引起消費者購買的欲望，更可能造成消費者的反感，或者是將個人的肖像、動作或聲音與聯絡方式，透過網路傳送到其他人的電腦螢幕上，這都是嚴重侵害隱私權的行為。

● Cookie 文字檔會透過瀏覽器記錄個人資料

此外，隨著全球無線通訊的蓬勃發展及智慧型手機普及率的提升，其中相當熱門的定位服務（Location Based System, LBS）是電信業者利用來判斷用戶裝置位置的功能，但是也因為利用定位資訊（location information）可以勾勒出一個用戶消費習慣與活動概況，這時有關定位資訊的控管與利用當然也會涉及侵犯隱私權的爭議，更是將個人資料保護問題推上電子商務最重要的法律議題。

● 電信公司對於用戶定位資訊的使用也是有爭議

▶ 7-2-3 盜取資訊財產權

隨著數位化作品透過網路的快速分享與廣泛流通，所以很容易產生非法複製的情況，而且這使得資訊產權的保護，遠比實物產權來得困難。資訊財產權的意義就是指資訊資源的擁有者對於該資源所具有的相關附屬權利，例如隨著線上遊戲的魅力不減，遊戲中虛擬貨幣及商品價值日漸龐大，這類價值不斐的虛擬寶物需要投入大量的時間才可能獲得。

遊戲中虛擬的物品不僅在遊戲中有價值，這些虛擬寶物及貨幣在現實生活中，往往可以轉賣其它玩家以賺取實體世界的金錢，並以一定的比率兌換。因此有不少玩家私自進入他人電腦偷取遊戲寶物，由於線上寶物目前一般已認為具有財產價值，這些都已構成意圖為自己或第三人不法之所有或無故取得、竊盜與刪除或變更他人電腦或其相關設備之電磁紀錄的罪責，這當然也是侵犯別人的資訊財產權。

● 天堂遊戲中的天幣也具有資訊財產權

▶ 7-2-4 資訊精確性的重要

　　資訊精確性的精神就在討論資訊使用者擁有正確資訊的權利或資訊提供者提供正確資訊的責任。例如有些網路行銷業者為了讓產品快速抓住廣大消費者的目光，紛紛在廣告中使用誇張用語來放大產品的效用，例如在商品廣告中使用世界第一、全球唯一、網上最便宜、最安全等誇大不實的用語

● 網路行銷的廣告用語必須與事實相符

來吸引消費者購買，或許成功達到廣告吸睛的目的，但稍有不慎就有可能觸犯各國不實廣告（False advertising）的規範，我國關於不實廣告的規定，主要在消保法及公平法中，在消保法第二十二條、第二十三條及公平交易法的第二十一條均有相關規定，這也是強調資訊精確性的重要。

▶ 7-2-5 資訊存取權濫用

　　資訊存取權最直接的意義，就是在探討維護資訊使用的公平性。隨著智慧型手機的廣泛應用，最容易發生資訊存取權濫用的問題。通常手機的資料除了有個人重要資料外，還有許多朋友私人通訊錄與或隱私的相片。各位在下載或安裝 App 時，有時會遇到許多 App 要求權限過高，這時就可能會造成資訊全安的風險。蘋果 iOS 市場比 Android 市場更保護資訊存取權，例如 App Store 對於上架 App 的要求存取權限與功能不合時，在審核過程中就可能被踢除，即使是審核通過，iOS 對於權限的審核機制也相當嚴格。

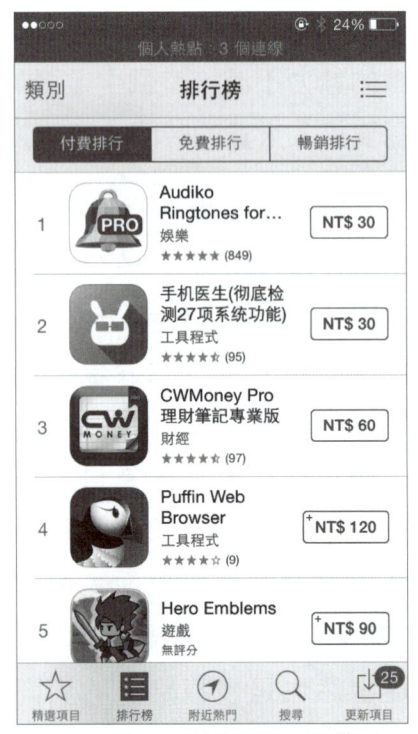

● App Store 首頁畫面，下載 App 時常會發生資訊存取權的問題

▶ 7-2-6 網域名稱權爭議

在網路發展的初期,許多人都把「網域名稱」(Domain name)當成是一個網址而已,扮演著類似「住址」的角色。後來隨著網路技術與電子商務模式的蓬勃發展,企業開始留意網域名稱也可擁有品牌的效益與功用,特別是以容易記憶及建立形象的名稱,更提升成為一種有利的網路行銷工具。因此擁有一個好記、獨特的網域名稱,便成為現今企業在網路行銷領域中相當重要的一項,基於網域名稱具有不可重複的特性,使其具有唯一性,大家便開始爭相註冊與企業品牌相關的網域名稱。

● 米飛兔在臺灣的網域名稱 miffy.com.tw 也曾經發生爭議

由於「網域名稱」採取先申請先使用原則,近年來網路出現一群搶先一步登記知名企業網域名稱的「網路蟑螂」(Cybersquatter),讓網域名稱爭議與搶註糾紛日益增加。政府為了處理域名搶註者所造成的亂象,或者網域名稱與申訴人之商標、標章、姓名、事業名稱或其他標識相同或近似,臺灣網路資訊中心(TWNIC)於 2001 年 3 月 8 日公布「網域名稱爭議處理辦法」,所依循的是 ICANN(Internet Corporation for Assigned Names and Numbers)制訂之「統一網域名稱爭議解決辦法」。

Chapter 7 ◆ 重點整理

1. 網路安全所涉及的範圍包含軟體與硬體兩種層面,例如網路線的損壞、資料加密技術的問題、伺服器病毒感染與傳送資料的完整性等。

2. 駭客(Hacker)是專門侵入他人電腦,並且進行破壞的行為的人士,目的可能竊取機密資料或找出該系統防護的缺陷。

3. 零時差攻擊(Zero-day Attack)就是當系統或應用程式上被發現具有還未公開的漏洞,但是在使用者準備更新或修正前的時間點所進行的惡意攻擊行為,往往造成非常大的危害。

4. 點擊欺騙(Click Fraud)是發佈者或他的同伴對 PPC(Pay by Per Click,每次點擊付錢)的線上廣告進行惡意點擊,因而得到相關廣告費用。

5. 電腦病毒(Computer Virus)就是一種具有對電腦內部應用程式或作業系統造成傷害的程式;它可能會不斷複製自身的程式或破壞系統內部的資料。

6. 創用 CC(Creative Commons)授權是源自著名法律學者美國史丹佛大學 Lawrence Lessig 教授於 2001 年在美國成立 Creative Commons 非營利性組織,目的在提供一套簡單、彈性的「保留部分權利」Some Rights Reserved)著作權授權機制,主要精神是來自於善意換取善意的良性循環,不僅不會減少對著作人的保護,同時也讓使用者在特定條件下能自由使用這些作品。

7. 遊戲中虛擬的物品不僅在遊戲中有價值,這些虛擬寶物及貨幣在現實生活中,往往可以轉賣其它玩家以賺取實體世界的金錢,並以一定的比率兌換。

8. 購物網站將個人資料商業化,以及濫發電子廣告信,電子廣告信不但不會引起消費者購買的欲望,更可能造成消費者的反感,引發反效果,或者是將個人的肖像、動作或聲音與聯絡方式,透過網路傳送到其他人的電腦螢幕上,這都是嚴重侵害隱私權的行為。

9. 資訊財產權的意義就是指資訊資源的擁有者對於該資源所具有的相關附屬權利，就是要定義出什麼樣的資訊使用行為算是侵害別人的著作權，並承擔哪些責任。

10. 關於不實廣告的規定，主要在消保法及公平法中，在消保法第二十二條、第二十三條及公平交易法的第二十一條均有相關規定，這也是強調資訊精確性的重要。

11. 由於「網域名稱」採取先申請先使用原則，近年來網路出現一群搶先一步登記知名企業網域名稱的「網路蟑螂」（Cybersquatter），讓網域名稱爭議與搶註糾紛日益增加。

Chapter 7 ◆ 學習評量

一、選擇題

( ) 1. 下列關於防治電腦病毒的敘述,何者正確?
(A) 一般電腦病毒可以分為開機型、檔案型及混合型三種
(B) 電腦病毒只存在記憶體、開機磁區及執行檔中
(C) 受病毒感染的檔案,不執行也會發作
(D) 遇到開機型病毒, 只要無毒的開機磁片重新開機後即可清除

( ) 2. 下列關於網路防火牆的敘述,何者有誤?
(A) 外部防火牆無法防止內賊對內部的侵害
(B) 防火牆能管制封包的流向
(C) 防火牆可以阻隔外部網路進入內部系統
(D) 防火牆可以防止任何病毒的入侵

( ) 3. 前幾年導致 eBay、Yahoo 等著名的商業網站一時之間無法服務大眾交易而關閉,這是遭受駭客何種手法攻擊?
(A) 電腦病毒　　　　　　　(B) 阻絕服務
(C) 郵件炸彈　　　　　　　(D) 特洛伊木馬

( ) 4. 當電腦被偷或損壞時,最無法取代的項目為何?
(A) 個人資料或文件　　　　(B) 作業系統
(C) 應用程式　　　　　　　(D) 瀏覽器

( ) 5. 智慧財產法要保護的是?
(A) 一般人知的權利　　　　(B) 人類腦力辛勤創作的結晶
(C) 國家　　　　　　　　　(D) 消費者消費的樂趣

( ) 6. 電子商務網站被侵入時,下列哪種資訊被盜用的風險最高?
(A) 購買日期　　　　　　　(B) 個人名字
(C) 產品清單　　　　　　　(D) 信用卡資訊

二、問答題

1. 何謂 Cookie？

2. 關於不實廣告的規定，違反哪些法律？

3. 何謂駭客（hacker）？試舉例說明。

4. 試簡述定位資訊的控管與利用所帶來的爭議。

5. 試簡述創用 CC 授權的主要精神。

6. 試簡述電子簽章法的目的。

7. 何謂網域名稱？網路蟑螂？

「人群在哪裡，錢潮就在哪裡」，隨著消費者行為劇烈改變與數位化需求暴增，這股浪潮也將「電商」推向新高度，電子商務目前已經成為所有產業必須認真面對的必要通路。阿里巴巴董事局主席馬雲更大膽直言電子商務將取代實體零售主導地位，占據整體零售市場 70% 以上的銷售額。

◀ 電子商務的成長帶來超倍速的動能成長

Chapter 8

電子商務的發展與未來

電子商務的應用不斷推陳出新,特別是經由行動裝置的大量普及與雲端運算的協助之下,都可發現電子商務的創新應用,已經走向以消費者為思考中心,未來的電商市場將不會只重視價格和規格,還需著重於提升消費者服務與體驗,勢必引導出一種創新的發展浪潮。

▎學習焦點

- 行動商務
- O2O 模式
- OMO 行銷
- 大數據的定義
- 大數據的應用
- 認識人工智慧
- 機器學習
- 深度學習
- 登入與註冊 ChatGPT
- 發想電子郵件與電子報
- 生成社群部落格標題與貼文
- 發想產品特點、關鍵字與標題
- 撰寫 Facebook 行銷文案
- 撰寫 Instagram 行銷文案
- 撰寫 TikTok 短影片腳本
- 撰寫演講推廣流程大綱
- 發想促銷活動的專案企劃
- 發想與建議產品描述
- 生成 SEO 的吸睛標題

8-1 行動商務與全通路

隨著 5G 行動寬頻、網路和雲端產業的帶動下，全球行動裝置快速發展，現代人人手一機，從網路優先（Web First）向行動優先（Mobile First）轉型的數位浪潮上，這股趨勢越來越明顯，社群平台可以說是依靠行動裝置而壯大，「新眼球經濟」所締造的市場經濟效應，正快速連結身邊所有的人、事、物，行動行銷已經成為一種必然的趨勢。

> **TIPS**
>
> 5G 是行動電話系統第五代，也是 4G 之後的延伸，5G 技術是整合多項無線網路技術而來，對一般用戶而言，最直接的感覺是 5G 比 4G 又更快、更不耗電，預計未來將可實現 10Gbps 以上的傳輸速率。「雲端」其實就是泛指「網路」，「雲端服務」（Cloud Service）其實就是「網路運算服務」，如果將這種概念進而延伸到利用網際網路的力量，透過雲端運算將各種服務無縫式的銜接，讓使用者可以連接與取得由網路上多台遠端主機所提供的不同服務。

● 智慧型手機已經成了現代人日常生活的必備品

所謂行動商務（Mobile Business），可以看成是電子商務的延伸，連帶也使行動商務成為兵家必爭之地，越來越多消費者使用行動裝置購物，藉由人們日益需求行動通訊，而讓商業的活動從線上（Online）延伸到人們線下（Offline）生活。當行動載具全面融入消費者生活，開始全面影響過去的通路使用邏輯，所帶來的正是快速到位、互動分享後所產生產品銷售的無限商機。

正是在今天「社群」與「行動裝置」的迅速發展下，零售業態已堂堂進入 4.0 時代，宣告零售業正式從多通路（Multi-Channel）轉變成全通路（Omni-Channel）的虛實整合型態，全通路與多通路（Multi-Channel）型態的最大不同是各通路彼此並非獨立運行，使得消費者無論透過桌機、智慧型手機或平板電腦，都能隨時輕鬆上網購物。

> **TIPS**
> 全通路（Omni-Channel）就是利用各種通路為顧客提供交易平台，「賣場」已不只是店面，而是在任何時間、地點都能進行購買行為的平台，並以消費者為中心的 24 小時營運模式，運用物聯網滿足顧客的需要。

▶ 8-1-1　O2O 模式

O2O 模式就是整合「線上（Online）」與「線下（Offline）」兩種不同平台所進行的一種行銷模式，也就是將網路上的購買或行銷活動帶到實體店面的模式。隨著線上線下的融合發展，O2O 模式將是邁向「全通路」（Omni-Channel）的重要一步，消費者可以直接在網路上付費，而在實體商店中享受服務或取得商品，全方位滿足顧客需求。近年來發展迅速的 ezTable 線上訂位，只要經由網路事先比較搜尋餐廳資訊，然後直接下單訂位，再到實體的餐廳接受服務，就是典型的 O2O 消費模式。

> **TIPS**
> 　　零售 4.0 時代是在「社群」與「行動載具」的迅速發展下，朝向行動裝置等多元銷售、支付和服務通路，消費者掌握了主導權，再無時空或地域國界限制，從虛實整合到朝向全通路（Omni-Channel），迎接以消費者為主導的無縫零售時代。
>
> 　　全通路則是利用各種通路為顧客提供交易平台，以消費者為中心的 24 小時營運模式，並且消除各個通路間的壁壘，包括在實體和數位商店之間的無縫轉換，去真正滿足消費者的需要，不管是透過線上或線下都能達到最佳的消費體驗。

對消費者而言，透過 O2O 的消費平台，不但可以快速了解完整產品的訊息外，如果有喜歡的產品，也可以立即下單進行預購，因為 O2O 的好處在於訂單於線上產生，每筆交易可追蹤，也更容易溝通及維護與用戶的關係。不過真正要把 O2O 模式落實，可不像進行一般網路行銷那麼容易，要如何抓住消費者的注意力脫穎而出，則需做到虛實整合才能達到消費者對品牌印象加分的境界。

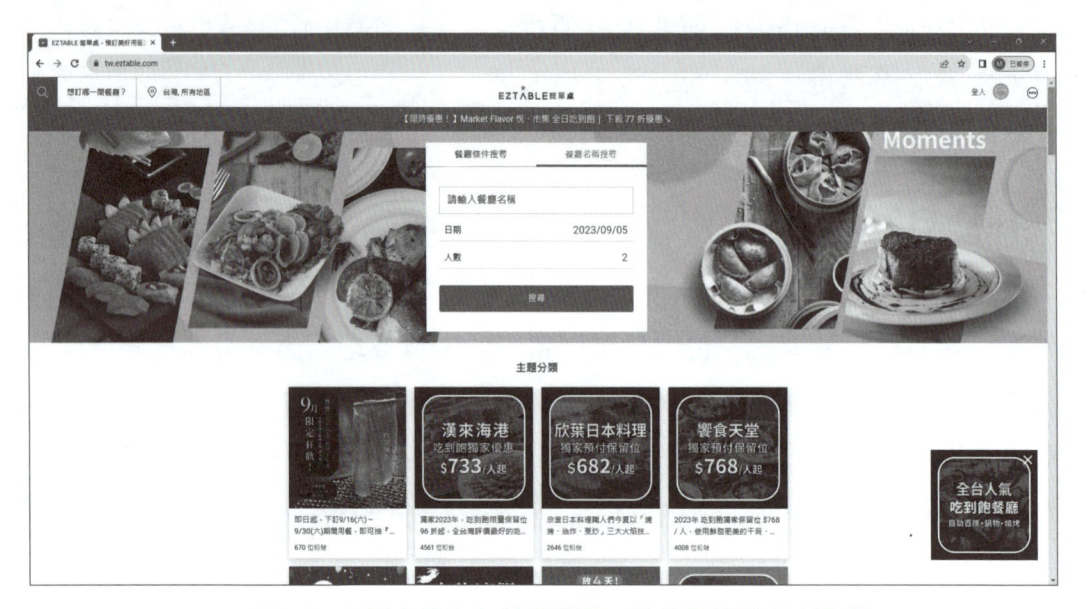

● EZTABLE 買家於線上付費購買，然後至實體商店取貨

> **TIPS**
>
> 反向的 O2O 通路模式（Offline to Online），則是從實體通路（線下）連回線上，就是將傳統的 O2O 模式做法反過來，消費者可透過在線下實際體驗後，透過 QR code 或是行動終端連結等方式，引導消費者到線上消費，並且在線上平台完成購買並支付，達到充分利用消費者的自助性與節省企業的人工交易成本。

▶ 8-1-2 OMO 行銷

電商面臨的消費者是一群全天候、全通路無所不在的消費客群，愈來愈多行動購物族群都是全通路消費者，傳統 O2O 手段已無法滿足全通路快速的發展速度，以往電商可能只要關注 PC 端用戶，但是現在更要關注行動端用戶。行動購物的熱潮更朝虛實整合 OMO（Online / Offline to Mobile）體驗發展，包括流暢地連接瀏覽商品到消費流程，線上線下無縫整合的行銷體驗。

● GOMAJI 經由 O2O 轉型成為吃喝玩樂券的 O2M 平台

　　O2M 是線下（Offline）與線上（Online）和行動端（Mobile）進行互動，或稱為 OMO（Offline Mobile Online），也就是 Online（線上）To Mobile（行動端）和 Offline（線下）To Mobile（行動端）並在行動端完成交易，與 O2O 不同，O2M 更強調的是行動端，線上與線下將隨時相互匯流，打造線上 - 行動 - 線下三位一體的全通路模式，形成實體店家、網路商城、與行動終端深入整合行銷，並在線下完成體驗與消費的新型交易模式。

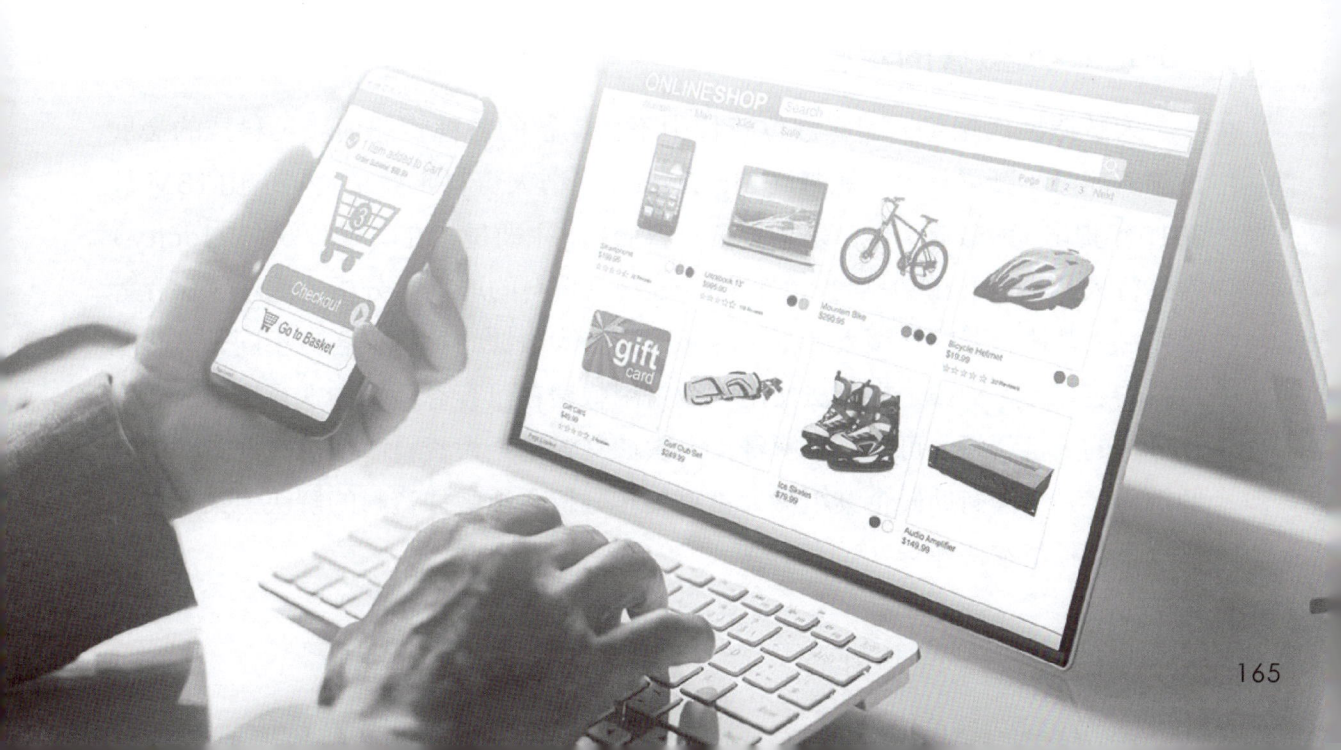

8-2 大數據與電子商務

近年來由於社群網站和行動裝置盛行，加上萬物互聯的時代無時無刻產生大量的數據，使用者頻頻透過手機、平板電腦、電腦等，在社交網站上大量分享各種資訊，許多熱門網站擁有的資料量都

> **TIPS**
> 為了讓各位實際了解大數據資料量到底有多大，整理下表作為參考：
> 1 Terabyte=1000 Gigabytes=1000^4 Kilobytes
> 1 Petabyte=1000 Terabytes=1000^5 Kilobytes
> 1 Exabyte=1000 Petabytes=1000^6 Kilobytes
> 1 Zettabyte=1000 Exabytes=1000^7 Kilobytes

達數 TB（Terabytes，兆位元組），甚至 PB（Petabytes，千兆位元組）或 EB（Exabytes，百萬兆位元組）的等級，面對不斷擴張的驚人資料量，相信許多人都聽過「大數據」（Big Data），大數據已經不只是一個議題，更是面對未來競爭環境必須採用的手段，正以驚人速度不斷被創造出來的大數據，為各產業的營運模式帶來新契機，也改變了企業的生產和商務模式。

21 世紀是資訊爆炸的時代，網路店家也如雨後春筍般地蓬勃發展起來，觀察大數據的發展趨勢，已經成功地跨入網路行銷領域，行銷人最重要的問題不是數據不夠多，而是如何從大數據中獲取有價值的資訊。大數據的運用將不只被拿來當精準廣告投放，更可以協助擬定最源頭的行銷策略，當大數據結合電子商務，將成為最具革命性的創新大浪潮。

▶ 8-2-1 大數據的定義

大數據世代崛起，因應數位時代中不斷累積的各種資訊而生，科技的發展也讓資訊量不斷暴增，大數據（Big Data）又稱大資料、海量資料，由 IBM 於 2010 年提出，大數據不僅僅是指更多資料而已，主要是指在一定時效（Velocity）內進行大量（Volume）且多元性（Variety）資料的取得、分析、處理、保存等動作。大數據涵蓋的範圍太廣泛，許多專家對大數據的解釋又各自不同，在維基百科的定義，大數據是指無法使用一般常用軟體在可容忍時間內進行擷取、管理及分析的大量資料。可以簡單解釋：大數據其實是巨大資料庫加上處理方法的一個總稱，是一套有助於企業組織大量蒐集、分析各種數據資料的解決方案，並包括以下四種基本特性：

1 大量性（Volume）

現代社會每分每秒都正在生成龐大的數據量，堪稱是以過去的技術無法管理的巨大資料量，資料量的單位可從 TB（terabyte，一兆位元組）到 PB（petabyte，千兆位元組）。

2 速度性（Velocity）

隨著使用者每秒都在產生大量的數據回饋，更新速度也非常快，資料的時效性也是另一個重要的課題，反應這些資料的速度也成為他們最大的挑戰。大數據產業應用成功的關鍵在於速度，往往取得資料時，必須在最短時間內反應，許多資料要能即時得到結果才能發揮最大的價值，否則將會錯失商機。

3 多樣性（Variety）

大數據技術徹底解決企業無法處理的非結構化資料，例如存於網頁的文字、影像、網站使用者動態與網路行為、客服中心的通話紀錄，資料來源多元及種類繁多。通常分析資料時，不會單獨去看一種資料，大數據課題真正困難的問題在於分析多樣化的資料，彼此間能進行交互分析與尋找關聯性，包括企業的銷售、庫存資料、網站的使用者動態、客服中心的通話紀錄；社交媒體上的文字影像等。

4 真實性（Veracity）

企業在今日變動快速又充滿競爭的經營環境中，取得正確的資料是相當重要的，因為要用大數據創造價值，所謂「垃圾進，垃圾出」（GIGO），這些資料本身是否可靠是一大疑問，不得不注意數據的真實性。大數據資料收集的時候必須分析並過濾資料有偏差、偽造、異常的部分，資料的真實性是數據分析的基礎，防止這些錯誤資料損害到資料系統的完整跟正確性，就成為一大挑戰。

● 大數據的四項特性

就以目前相當流行的 Facebook 為例，為了記錄每一位好友的資料、動態消息、按讚、打卡、分享、狀態及新增圖片，因為 Facebook 的使用者人數眾多，要取得這些資料必須藉助大數據的技術，接著 Facebook 才能利用這些取得的資料去分析每個人的喜好，再投放可能感興趣的廣告或粉絲團或朋友。

● Facebook 廣告背後包含最新大數據技術

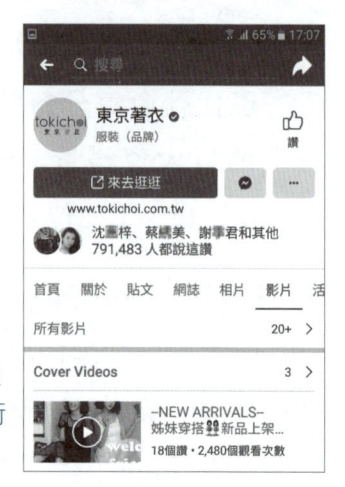

8-2-2 大數據的應用

阿里巴巴創辦人馬雲在德國 CeBIT 開幕式上如此宣告：「未來的世界，將不再由石油驅動，而是由數據來驅動！」過去使用傳統媒體從事電商活動，消費者、通路商及商品之間的三角關係，經常隱藏許多不確定性，受限於行銷工具的不精確，造成廣告效果難以估算。當隨著大數據應用出現後，突破過去行銷瓶頸，透過演算法來洞察消費者數據，大數據結合網路行銷將成為最具革命性的行銷大趨勢。

● Netflix 借助大數據技術成功推薦影片給消費者

透過大數據分析資料，目標族群每分每秒的網路行為都能被忠實記錄，進一步了解產品購買和需求的族群是哪些人，並轉化成有效的行銷策略。例如美國最大的線上影音出租服務的網站 Netflix 長期對節目的進行分析，透過對觀眾收看習慣的了解，對客戶的行為做大數據分析。透過大數據分析的推薦引擎，不需要把影片內容先放出去後才知道觀眾喜好程度，結果證明使用者有 70% 以上的機率會選擇 Netflix 推薦的影片，可以使 Netflix 節省不少行銷成本。

如果各位曾經有在 Amazon 購物的經驗，一開始就會看到一些沒來由的推薦名單，因為 Amazon 商城會根據客戶瀏覽的商品，從已建構的大數據庫中整理出曾經瀏覽該商品的所有人，接著會給這位新客戶一份建議清單，建議清單中會列出曾瀏覽這項商品的人也會同時瀏覽過哪些商品，由這份建議清單，新客戶可以快速作出購買的決定，讓他們與顧客之間的關係更加緊密，而這種大數據技術也確實為 Amazon 商城帶來更大量的商機與利潤。

● Amazon 應用大數據提供更精準個人化購物體驗

　　大數據在當今最關鍵的問題，是如何從繁而雜的資訊中找出真正有用的部分，例如遊戲開發團隊不可能再像傳統一樣憑感覺與個人喜好去設計遊戲，背後靠的正是收集以玩家喜好為核心的大數據。例如相當火紅的「英雄聯盟」（LOL）這款遊戲，每天研發團隊都會透過連線對於全球所有比賽，藉由實際玩家網路行為與分布全世界伺服器中超過 100 億筆玩家的各式資料，進行大數據及雲端語意分析技術，可以即時監測所有玩家的動作與產出網路大數據分析，只要發現某一個玩家喜歡的英雄出現太強或太弱的情況，就能即時調整相關的遊戲平衡性，再設計出最受歡迎的英雄角色與全面換新面貌與比賽方式。

● 英雄聯盟的遊戲畫面

8-3 人工智慧與電子商務

在這個大數據蓬勃發展的時代，資料科學（Data Science）不斷地推動著這個世界，加上大數據讓人工智慧（Artificial Intelligence, AI）的發展提供了前所未有的機遇與養分，人工智慧儼然是未來科技發展的主流趨勢，更是零售業優化客戶體驗的最佳神器。隨著行動網路與社群媒體的快速崛起，不僅讓消費者趨於分眾化，消費行為也呈現碎片化發展，借助人工智慧在電商購物與行銷方面的應用層面越來越廣，也容易取得更為人性化的分析。

> **TIPS**
> 資料科學（Data Science）就是為企業組織解析大數據當中所蘊含的規律，就是研究從大量的結構性與非結構性資料中，透過資料科學分析其行為模式與關鍵影響因素，也就是在模擬決策模型，進而發掘隱藏在大數據資料背後的商機。

人工智慧與電子商務從本世紀以來，一直都是店家或品牌尋求擴大影響力和與客戶互動的強大工具，充分善用 AI 將改變行銷模式及經營法則。如果要真正充分發揮資料價值，不能只光談大數據，人工智慧是絕對不能忽略的相關領域，人工智慧的概念最早是由美國科學家 John McCarthy 於 1955 年提出，目標為使電腦具有類似人類學習解決複雜問題與展現思考等能力，舉凡模擬人類的聽、說、讀、寫、看、動作等的電腦技術，都被歸類為人工智慧的可能範圍。

> **TIPS**
> 所謂智慧商務（Smarter Commerce）就是利用社群網路、行動應用、雲端運算、大數據、物聯網與人工智慧等技術，特別是應用領域不斷拓展的 AI，誕生與創造許多新的商業模式，透過多元平台的串接，可以更規模化、系統化地與客戶互動，讓企業的商務模式可以帶來更多智慧便利的想像，並且大幅提升電商服務水準與營業價值。

▶ 8-3-1 機器學習

由於電子商務領域早就是 AI 密集使用的行業，AI 被大量應用在分析大數據、優化行銷系統、精準描繪消費者輪廓等領域，AI 能讓電商從業人員掌握更多創造性要素，將會為品牌業者與消費者，帶來新的對話契機，也就是讓品牌過去的「商品經營」理念，轉向「顧客服務」邏輯，能夠對目標客群的個人偏好與需求，帶來更深入的分析與洞察。

● 透過電腦視覺技術來找出數位看板廣告最佳組合

機器學習（Machine Learning, ML）是大數據與 AI 發展相當重要的一環，是大數據分析的一種方法，透過演算法給予電腦大量的「訓練資料（Training Data）」，在大數據中找到規則，機器學習是大數據發展的下一個進程，可以發掘多資料元變動因素之間的關聯性，進而自動學習並做出預測，對機器學習的模型來說，用戶越頻繁使用，資料的量越大越有幫助，機器就可以學習的越快，進而達到預測效果不斷提升的過程。

各位應該都有在 YouTube 觀看影片的經驗，YouTube 致力於提供使用者個人化的服務體驗，包括改善電腦與行動網頁的內容，近年來更導入 TensorFlow 機器學習技術，打造 YouTube 影片推薦系統，特別是 YouTube 平台加入不少個人化變項，過濾出觀賞者可能感興趣的影片，並顯示在「推薦影片」中。

● YouTube 透過 TensorFlow 技術過濾出受眾感興趣的影片

YouTube 上每分鐘超過數以百萬小時影片上傳，無論是想找樂子或學習新技能，AI 演算法的主要工作就是幫用戶在海量內容中找到內心期待想看的影片，事實證明全球 YouTube 超過七成用戶會觀看來自自動推薦影片，為了能推薦精準影片，用戶顯性與隱性的使用回饋，不論是喜歡或不喜歡的影音檔案都要納入機器學習的訓練資料。

▶ 8-3-2 深度學習

隨著科技和行動網路的發達,其中所產生的龐大、複雜資訊,已非人力所能分析,由於 AI 直接讓店家與品牌藉此接觸更多潛在消費者與市場,深度學習(Deep Learning, DL)算是 AI 的一個分支,也可以看成是具有層次性的機器學習法,更將 AI 推向類似人類學習模式的優異發展。深度學習並不是研究者們憑空創造出來的運算技術,而是源自於類神經網路(Artificial Neural Network)模型,並且結合神經網路架構與大量的運算資源,目的在於讓機器建立與模擬人腦進行學習的神經網路,以解釋大數據中圖像、聲音和文字等多元資料。

雖然Amazon Go仍需要員工進行補貨、製作食物以及客戶服務等工作,還不算是真正的無人商店,但已經是商店科技上的一大進步。

● Amazon 的智慧無人商店 Amazon Go 就是 DL 的應用

> **TIPS**
>
> 類神經網路就是模仿生物神經網路的數學模式,取材於人類大腦結構,使用大量簡單而相連的人工神經元(Neuron)來模擬生物神經細胞受特定程度刺激來反應刺激架構為基礎的研究,這些神經元將基於預先被賦予的權重,各自執行不同任務,只要訓練的歷程愈扎實,這個被電腦系統所預測的最終結果,接近事實真相的機率就會愈大。

最為人津津樂道的深度學習應用，當屬 Google Deepmind 開發的 AI 圍棋程式 AlphaGo，接連大敗歐洲和南韓圍棋棋王，AlphaGo 的設計是大量的棋譜資料輸入，以及精巧的深度神經網路設計，透過深度學習掌握更抽象的概念，讓 AlphaGo 學習下圍棋的方法，接著就能夠判斷棋盤上的各種狀況，後來創下連勝 60 局的佳績，並且不斷反覆跟自己比賽來調整神經網路

● AlphaGo 接連大敗歐洲和南韓圍棋棋王

透過深度學習的訓練，機器正在變得越來越聰明，不但會學習也會進行獨立思考，人工智慧的運用也更加廣泛，深度學習包括建立和訓練一個大型的人工神經網路，人類要做的事情就是給予規則跟大數據的學習資料，相較於機器學習，深度學習在電商服務方面的應用，不但能解讀消費者及群體行為的歷史資料與動態改變，更可能預測消費者的潛在慾望與突發情況，能應對未知的情況，設法激發消費者的購物潛能，進而提供高相連度的未來購物可能推薦與更好的用戶體驗。

8-4 電子商務最強魔法師—ChatGPT

今年度最火紅的話題絕對離不開 ChatGPT，短短 2 個月全球用戶超過 1 億，超過抖音的用戶量。ChatGPT 是由 OpenAI 公司開發的最新版本，由於 ChatGPT 基於開放式網路的大量資訊進行訓練，使其能夠產生高度精確、自然流暢的對話回應，與人進行互動。如下圖所示：

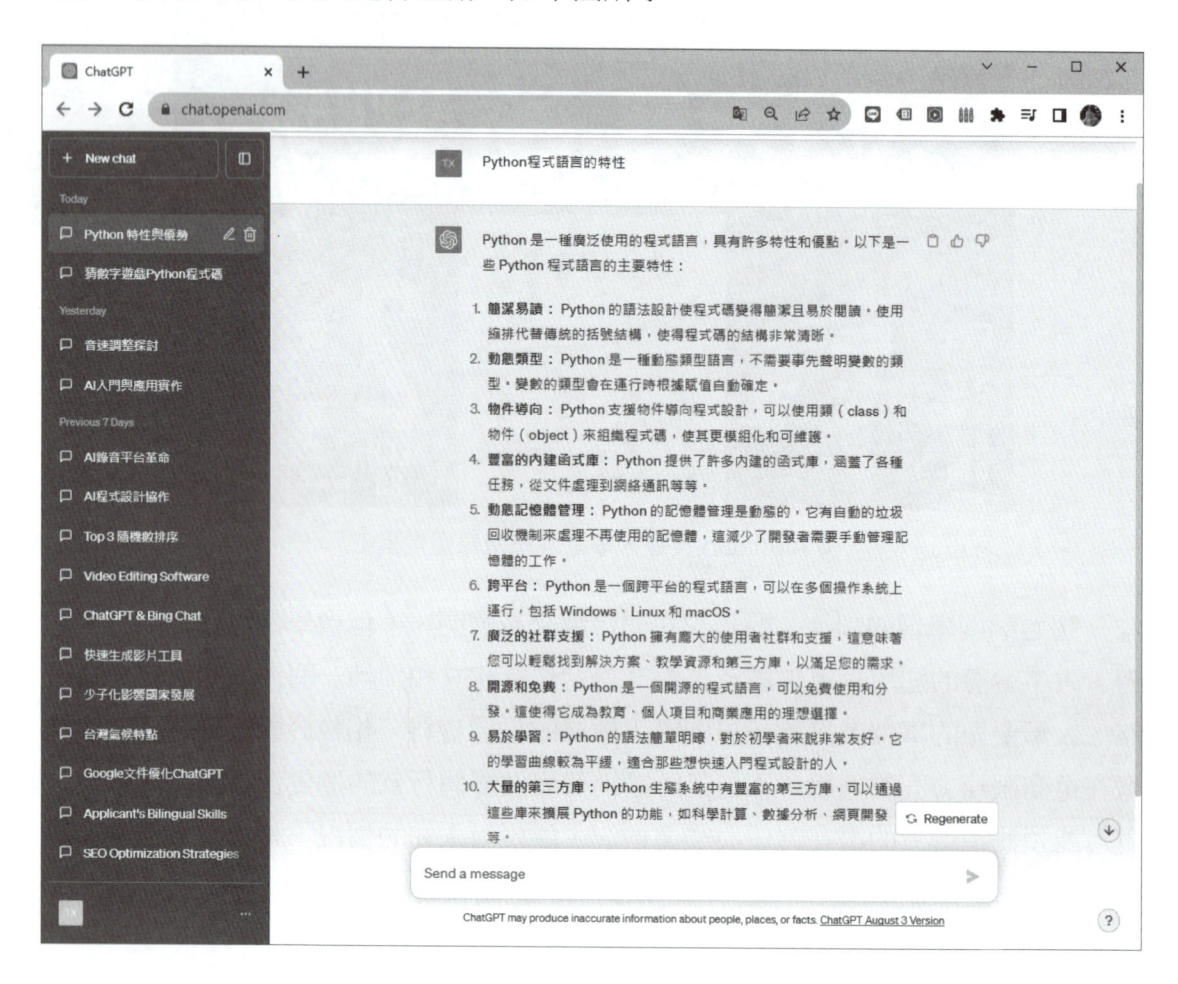

ChatGPT 堪稱是目前科技整合的極致，繼承了幾十年來資訊科技的精華，在生成式 AI 蓬勃發展的階段，ChatGPT 擁有強大的自然語言生成及學習能力，更具備強大的資訊彙整功能。當今沒有一個品牌會忽視網路行銷的威力，特別是對行銷文案撰寫有極大的幫助，簡單直覺且功能強大，可用於為品牌官網或社群媒體，去產製更多優質內容、線上客服、智慧推薦、商品詢價等服務，能大幅提升企業競爭力。

8-4-1 聊天機器人簡介

過去企業為了與消費者互動與客服需求，需聘請專人全天候在電話或通訊平台前待命，不僅耗費人力成本，也無法妥善地處理龐大的客戶量與資訊，聊天機器人（Chatbot）則是目前許多店家客服的創意新玩法，背後的核心技術即是以「自然語言處理」（Natural Language Processing, NLP）中的一種模型（Generative Pre-Trained Transformer, GPT）為主，利用電腦模擬與使用者互動對話，算是由對話或文字進行交談的電腦程式，並讓用戶體驗像與真人一樣的對話。聊天機器人能夠全天候地提供即時服務，與自設不同的流程來達到想要的目的，協助企業輕鬆獲取第一手消費者偏好資訊，有助於公司精準行銷、強化顧客體驗與個人化的服務。這對許多粉絲專頁的經營者或是想增加客戶名單的行銷人員來說，聊天機器人已相當適用。

圖片來源：https://www.digiwin.com/tw/blog/5/index/2578.html
● AI 電話客服也是自然語言的應用之一

隨著 ChatGPT 的出現，也為電商客服帶來了解決方案的曙光，和以往聊天機器人不同的是，ChatGPT 除了可以用更口語的方式溝通，還可以記住顧客的消費習慣和分析對話動機，也標誌著電商客服即將進入一個全新的時代，凡是使用過 ChatGPT 的店家或用戶，無不對其強大的語言能力感到驚嘆，還能將 AI 技術導入 LINE、FB Messenger、WeChat 的聊天機器人當中，讓它可以自動回應用戶。

電子商務實務與 ChatGPT 應用

> **TIPS**
>
> 電腦科學家通常將人類的語言稱為自然語言 NL（Natural Language），比如說中文、英文、日文、韓文、泰文等，這也使得自然語言處理（Natural Language Processing, NLP）範圍非常廣泛，所謂 NLP 就是讓電腦擁有理解人類語言的能力，也就是一種藉由大量的文字資料搭配音訊數據，並透過複雜的數學聲學模型（Acoustic model）及演算法來讓機器去認知、理解、分類並運用人類日常語言的技術。
>
> GPT 是「生成型預訓練變換模型（Generative Pre-trained Transformer）」的縮寫，是一種語言模型，可以執行非常複雜的任務，會根據輸入的問題自動生成答案，並具有編寫和除錯電腦程式的能力，如回覆問題、生成文章和程式碼，或者翻譯文章內容等。

▶ 8-4-2 登入與註冊 ChatGPT

從技術的角度來看，ChatGPT 是根據從網路上獲取的大量文本樣本進行機器人工智慧的訓練，與一般聊天機器人的相異之處在於 ChatGPT 有豐富的知識庫與強大的自然語言處理能力，登入 ChatGPT 網站註冊的過程中雖然是全英文介面，但是註冊後與 ChatGPT 聊天機器人互動發問問題時，可以直接使用中文輸入，且回答內容的專業性也不失水平，甚至不亞於人類的回答內容。

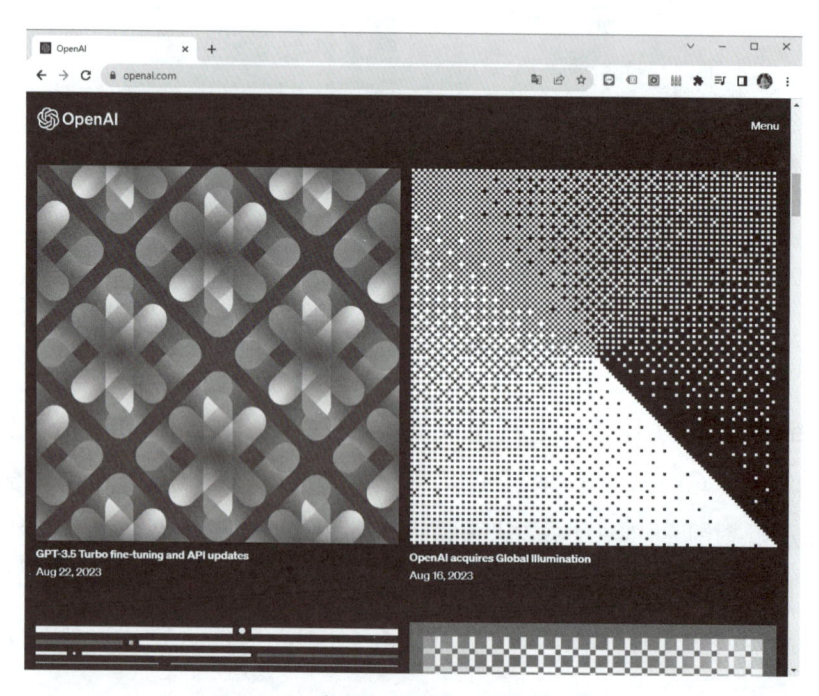

● OpenAI 官網　https://openai.com/

目前 ChatGPT 透過人性化的回應方式來回答各種問題。這些問題甚至含括各種專業技術領域或學科的問題，可以說是樣樣精通的百科全書，不過 ChatGPT 的資料來源並非 100% 正確，為了得到的答案更準確，當使用 ChatGPT 回答問題時，應避免使用模糊的詞語或縮寫。如果需要深入得到更多的內容，除了盡量提供足夠的訊息外，就是提供更多的細節和上下文。

首先，請先至 ChatGPT 官網（https://chat.openai.com/）進行登入，或者，還沒有帳號的使用者，可以直接點選畫面中的「Sign up」鈕註冊一個免費的 ChatGPT 帳號：

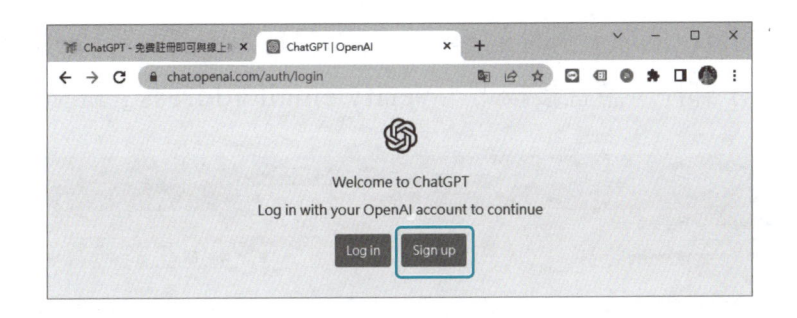

接著請各位輸入 Email，或是已有 Google 帳號或 Microsoft 帳號，也可以透過 Google 帳號或 Microsoft 帳號進行註冊登入。此處直接示範以輸入 Email 的方式來建立帳號，請在右圖視窗中間的文字輸入方塊中輸入要註冊的電子郵件，輸入完畢後，請接著按下「Continue」鈕。

接著，如果是透過 Email 進行註冊，系統會要求使用者輸入一組至少 8 個字元的密碼作為這個帳號的註冊密碼。

上圖輸入完畢後，接著再按下「Continue」鈕，會出現類似下圖的「Verify your email」的視窗。

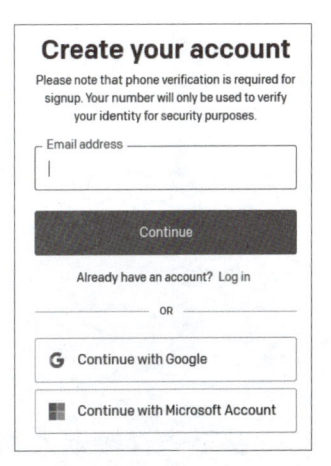

177

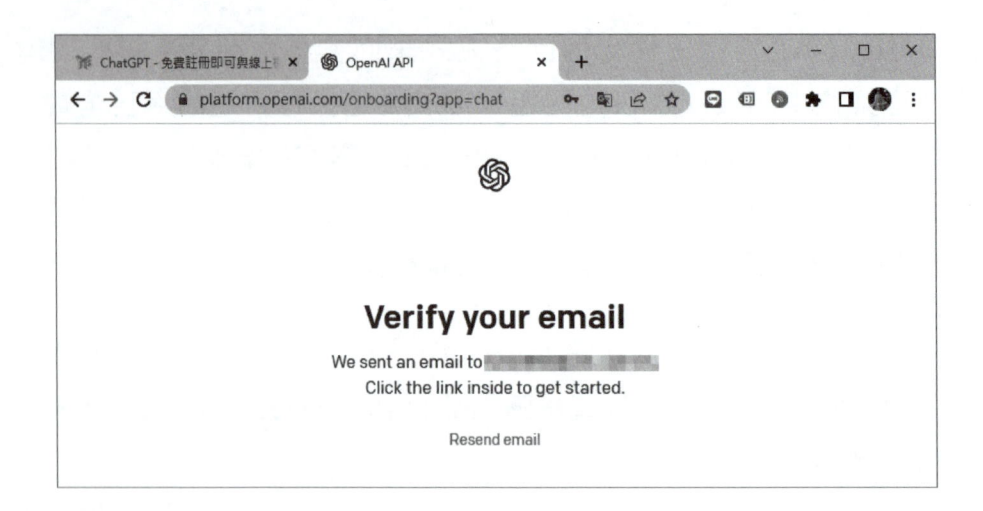

接著請打開自己的收發郵件的程式,可以收到如下圖的「Verify your email address」的電子郵件。請直接按下「Verify email address」鈕:

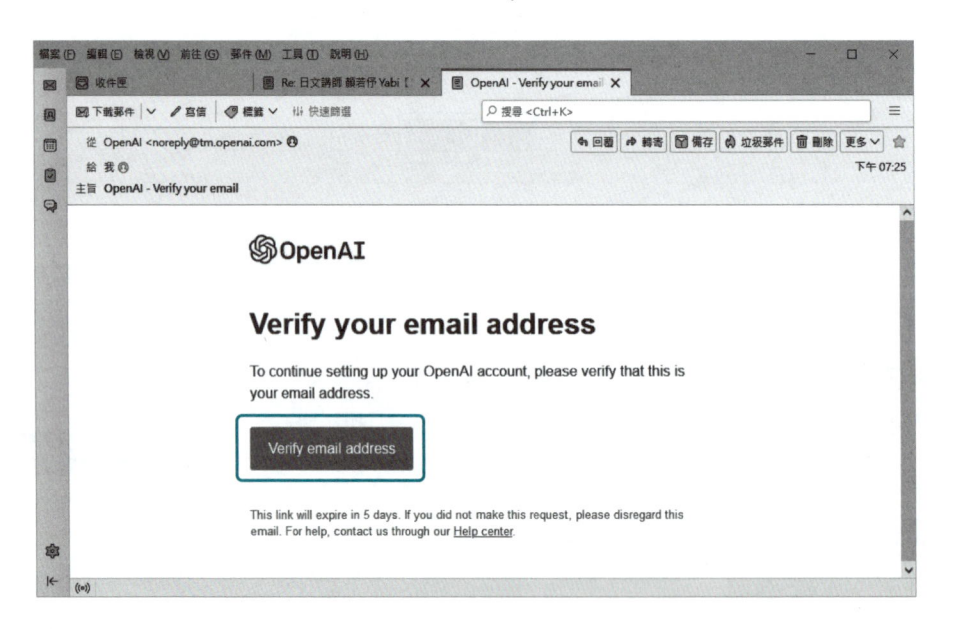

接著會直接進入到下一步輸入姓名的畫面,請注意,這裡要特別補充說明的是,如果是透過 Google 帳號或 Microsoft 帳號快速註冊登入,那麼就會直接進入到下一步輸入姓名的畫面:

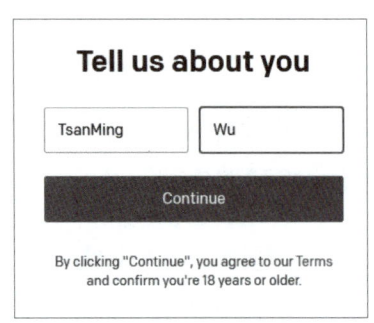

輸入完姓名後，再請接著按下「Continue」鈕，這裡就會要求各位輸入個人的電話號碼進行身分驗證，這是一個非常重要的步驟，如果沒有透過電話號碼來通過身分驗證，就沒有辦法使用 ChatGPT。請注意，右圖輸入行動電話時，請直接輸入行動電話後面的數字，例如電話是「0931222888」，只要直接輸入「931222888」，輸入完畢後，記得按下「Send Code」鈕。

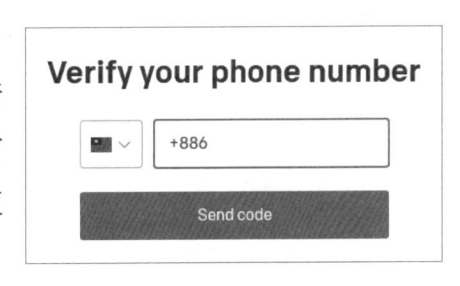

大概過幾秒後，就可以收到官方系統發送到指定號碼的簡訊，該簡訊會顯示 6 碼的數字。

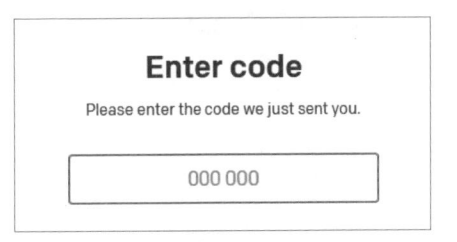

只要於上圖中輸入手機所收到的 6 碼驗證碼後，就可以正式啟用 ChatGPT。登入 ChatGPT 之後，會看到下圖畫面，在畫面中可以找到許多和 ChatGPT 進行對話的真實例子，也可以了解使用 ChatGPT 的限制。

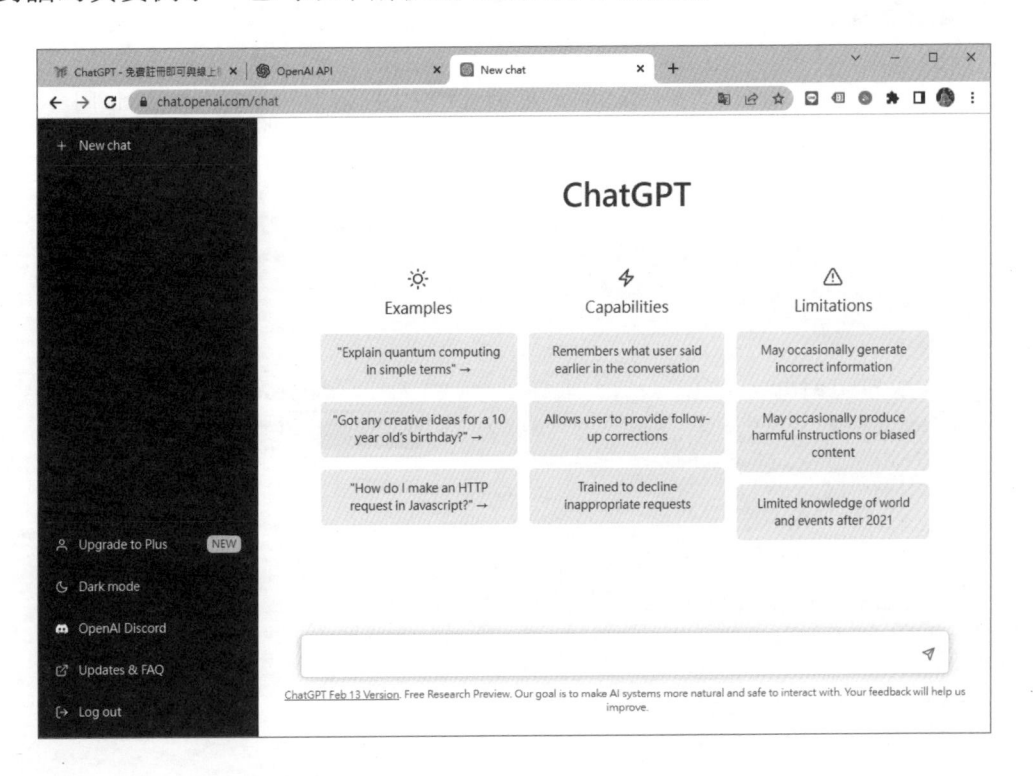

179

如果要登出 ChatGPT，只要按下畫面中的「Log out」鈕。

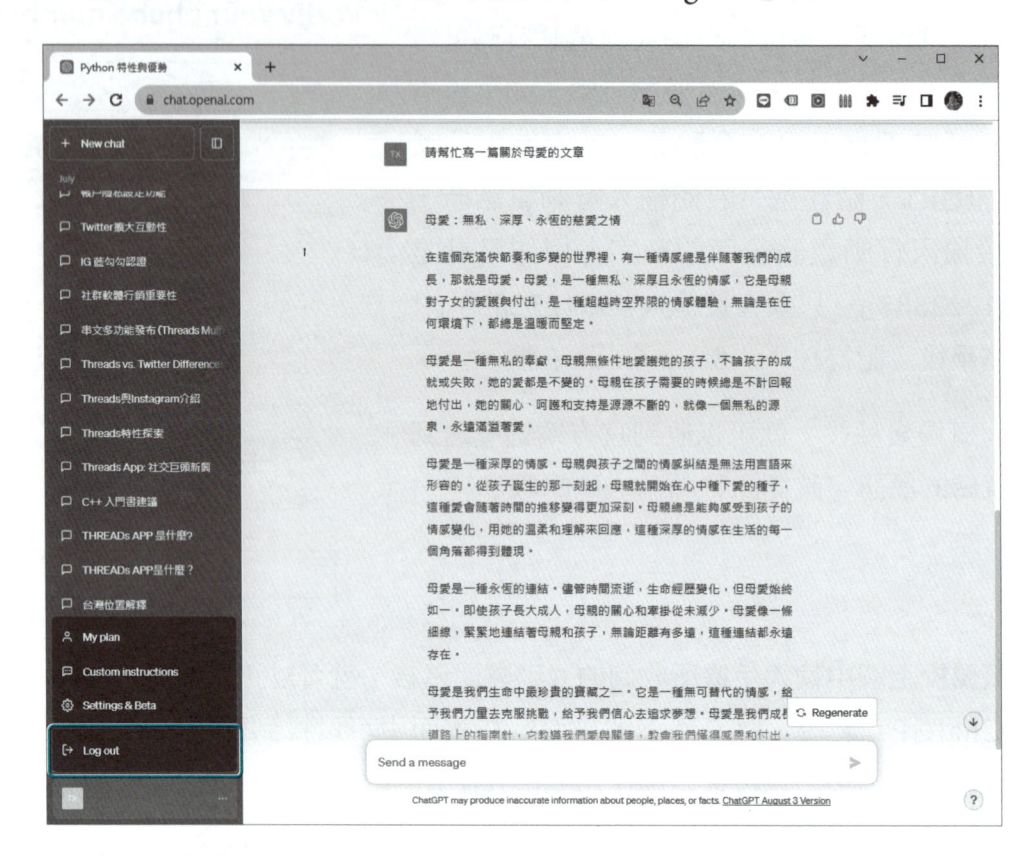

登出後就會看到如下的畫面，允許各位再按下「Log in」鈕再次登入 ChatGPT。

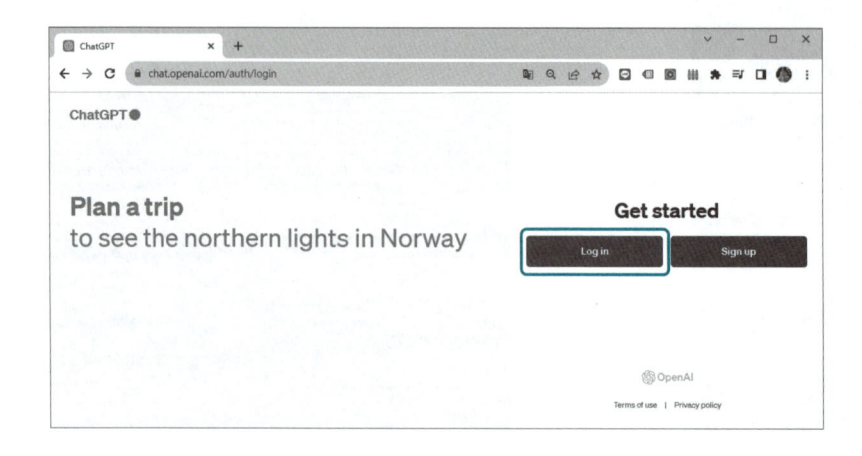

8-5 ChatGPT 在電商領域的應用

　　當今沒有一個品牌會忽視數位行銷的威力,由於引人入勝的內容是任何電子商務品牌的命脈,而 ChatGPT 是透過分析來自於網路的大量資訊來學習如何寫作,特別是電商文案撰寫有極大的幫助,可用於品牌官網或社群媒體,成為眾多媒體創造聲量的武器,去產製更多優質內容、線上客服、智慧推薦、商品詢價等服務,ChatGPT 正在各種方式快速融入人們的日常生活與數位行銷領域,也逐漸讓許多廣告主有追逐流量的壓力,大幅提升電商數位行銷效果和用戶體驗。

▶ 8-5-1 發想電子郵件與電子報

　　電子郵件行銷(Email Marketing)與電子報行銷(Email Direct Marketing)的使用數量也持續增長中,更是許多企業慣用的行銷手法,由於費用相對低廉,加上可以追蹤,將會大幅節省行銷時間及提高成交率。例如將含有商品資訊的廣告內容,以電子郵件的方式寄給不特定的使用者,也算是一種「直效行銷」。ChatGPT 能為店家自動發想與生成電子郵件與電子報回信內容,只要下對指令,把行銷需求告訴 ChatGPT,輸入推廣的對象、需要促銷的產品,以及預期達到的目的,就能自動產出一封符合指定情境、信件內容的官方郵件與電子報,除了提高品牌知名度外,也更加連結與消費者之間的關係。

電子商務實務與 ChatGPT 應用

接下來請幫忙寫一封商品推薦的官方電子郵件，商品資訊如下：
人人必學 電子商務實務—最新版（第二版）- 附 MOSME 行動學習一點通：評量
研發團隊：勁樺科技
產品特色：電子商務的實用入門教材與流行議題
出版公司：台科大圖書
公司官網：http://tkdbooks.com/
業務代表：任秋麗小姐

ChatGPT 提問

ChatGPT 回答畫面

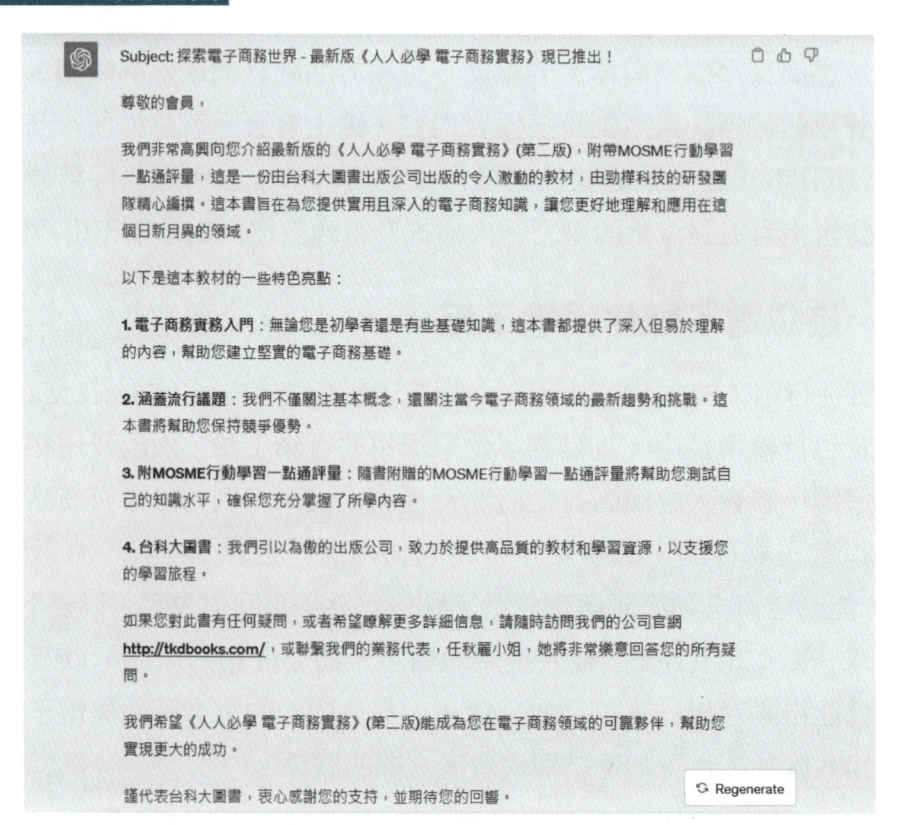

Subject: 探索電子商務世界 - 最新版《人人必學 電子商務實務》現已推出！

尊敬的會員，

我們非常高興向您介紹最新版的《人人必學 電子商務實務》(第二版)，附帶MOSME行動學習一點通評量，這是一份由台科大圖書出版公司出版的令人激動的教材，由勁樺科技的研發團隊精心編撰。這本書旨在為您提供實用且深入的電子商務知識，讓您更好地理解和應用在這個日新月異的領域。

以下是這本教材的一些特色亮點：

1. 電子商務實務入門：無論您是初學者還是有些基礎知識，這本書都提供了深入但易於理解的內容，幫助您建立堅實的電子商務基礎。

2. 涵蓋流行議題：我們不僅關注基本概念，還關注當今電子商務領域的最新趨勢和挑戰。這本書將幫助您保持競爭優勢。

3. 附MOSME行動學習一點通評量：隨書附贈的MOSME行動學習一點通評量將幫助您測試自己的知識水平，確保您充分掌握了所學內容。

4. 台科大圖書：我們引以為傲的出版公司，致力於提供高品質的教材和學習資源，以支援您的學習旅程。

如果您對此書有任何疑問，或者希望瞭解更多詳細信息，請隨時訪問我們的公司官網 http://tkdbooks.com/，或聯繫我們的業務代表，任秋麗小姐，她將非常樂意回答您的所有疑問。

我們希望《人人必學 電子商務實務》(第二版)能成為您在電子商務領域的可靠夥伴，幫助您實現更大的成功。

謹代表台科大圖書，衷心感謝您的支持，並期待您的回響。

由於電子報行銷依舊是企業經營老客戶的主要方式，多半是由使用者訂閱，再經由信件或網頁的方式來呈現行銷訴求。由於電子報費用相對低廉，加上可以追蹤，這種作法將會節省行銷時間及提高成交率。

接下來請幫忙寫一封商品推薦的官方電子報，商品資訊如下：

巴冷公主遊戲

研發團隊：榮欽科技

遊戲簡介：近來台灣原住民文化同樣也引起廣泛的矚目。魯凱族巴冷公主與蛇王阿達禮歐之間的愛情故事，由於堅貞愛情的追求歷程，張力十足、情節淒美。本遊戲兼採 A-RPG 及益智類遊戲的特性，強調 RPG 的故事性，節奏明快，但過關的過程則加入動作遊戲的刺激。在美術風格方面，採取一比一等比例的全 3D 表現方式，藉以強調各個人物的個性與特質，隨處可見各種原住民的日常生活與有趣的習俗。

ChatGPT 提問

> 請幫忙寫一封商品推薦的官方電子報，商品資訊如下：
> 巴冷公主遊戲
> 研發團隊：榮欽科技
> 遊戲簡介：近來台灣原住民文化同樣也引起廣泛的矚目。魯凱族巴冷公主與蛇王阿達禮歐之間的愛情故事，由於堅貞愛情的追求歷程，張力十足、情節淒美。本遊戲兼採A-RPG及益智類遊戲的特性，強調RPG的故事性，節奏明快，但過關的過程則加入動作遊戲的刺激。在美術風格方面，採取一比一等比例的全3D表現方式，藉以強調各個人物的個性與特質，隨處可見各種原住民的日常生活與有趣的習俗。

ChatGPT 回答畫面

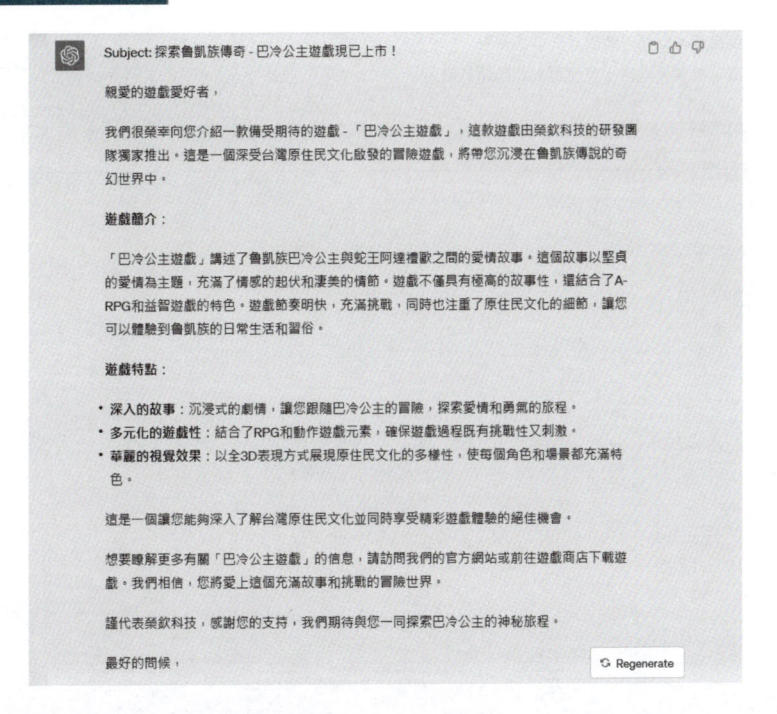

> Subject: 探索魯凱族傳奇 - 巴冷公主遊戲現已上市！
>
> 親愛的遊戲愛好者，
>
> 我們很榮幸向您介紹一款備受期待的遊戲 -「巴冷公主遊戲」，這款遊戲由榮欽科技的研發團隊獨家推出。這是一個深受台灣原住民文化啟發的冒險遊戲，將帶您沉浸在魯凱族傳說的奇幻世界中。
>
> 遊戲簡介：
>
> 「巴冷公主遊戲」講述了魯凱族巴冷公主與蛇王阿達禮歐之間的愛情故事。這個故事以堅貞的愛情為主題，充滿了情感的起伏和淒美的情節。遊戲不僅具有極高的故事性，還結合了A-RPG和益智遊戲的特色。遊戲節奏明快，充滿挑戰，同時也注重了原住民文化的細節，讓您可以體驗到魯凱族的日常生活和習俗。
>
> 遊戲特點：
>
> - 深入的故事：沉浸式的劇情，讓您跟隨巴冷公主的冒險，探索愛情和勇氣的旅程。
> - 多元化的遊戲性：結合了RPG和動作遊戲元素，確保遊戲過程既有挑戰性又刺激。
> - 華麗的視覺效果：以全3D表現方式展現原住民文化的多樣性，使每個角色和場景都充滿特色。
>
> 這是一個讓您能夠深入了解台灣原住民文化並同時享受精彩遊戲體驗的絕佳機會。
>
> 想要瞭解更多有關「巴冷公主遊戲」的信息，請訪問我們的官方網站或前往遊戲商店下載遊戲。我們相信，您將愛上這個充滿故事和挑戰的冒險世界。
>
> 謹代表榮欽科技，感謝您的支持，我們期待與您一同探索巴冷公主的神秘旅程。
>
> 最好的問候，

▶ 8-5-2 生成社群與部落格標題與貼文

部落格行銷發展的歷史相當久，算是一種十分成熟的行銷方法，在自媒體時代，可以透過創作的方式在網路上賺錢，而經營個人部落格，也是打造個人品牌的方式。部落格的情感行銷魅力，源自其背後進入的低門檻和網路無遠弗屆的影響力，從提供網友分享個人日誌的「心情故事」，擴散成充滿無限商機的「行銷媒體」，加上愈來愈多的使用者利用上網來尋求答案解決問題，形成部落格行銷的首要條件。由於部落格標題是讀者對文章的第一印象，並且攸關著是否會點擊進去的重要關卡，因為標題的曝光度是內容的五倍，所以標題的重要度理應也該是內容的五倍，標題該如何下得好，就可以藉由 ChatGPT 的協助。

輸入問題：請寫出十個有關介紹高雄美食的部落格標題。

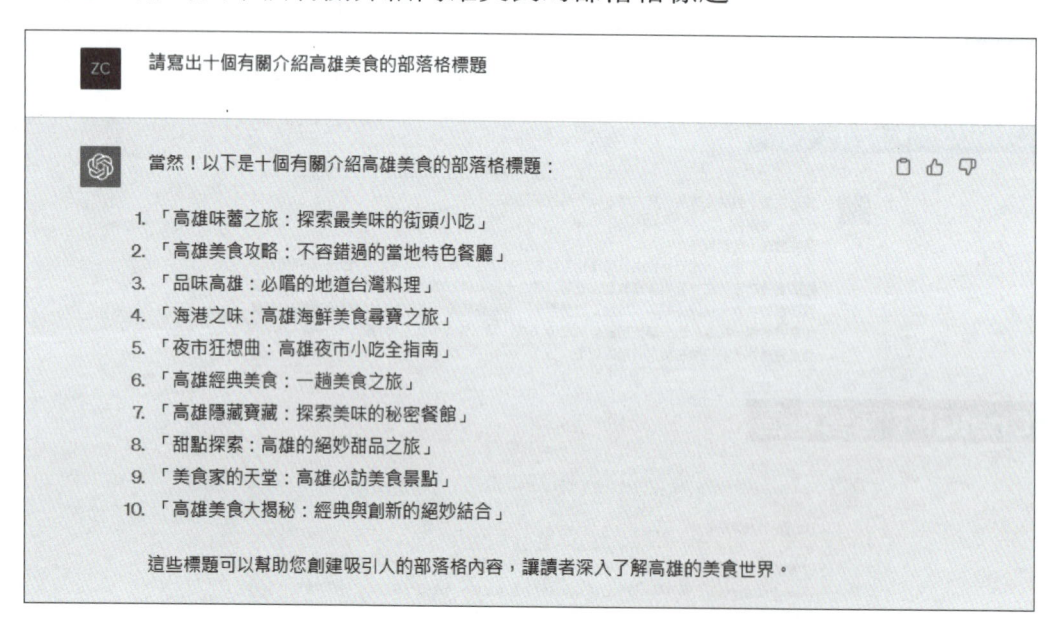

> ZC 請寫出十個有關介紹高雄美食的部落格標題
>
> 當然！以下是十個有關介紹高雄美食的部落格標題：
> 1. 「高雄味蕾之旅：探索最美味的街頭小吃」
> 2. 「高雄美食攻略：不容錯過的當地特色餐廳」
> 3. 「品味高雄：必嚐的地道台灣料理」
> 4. 「海港之味：高雄海鮮美食尋寶之旅」
> 5. 「夜市狂想曲：高雄夜市小吃全指南」
> 6. 「高雄經典美食：一趟美食之旅」
> 7. 「高雄隱藏寶藏：探索美味的秘密餐館」
> 8. 「甜點探索：高雄的絕妙甜品之旅」
> 9. 「美食家的天堂：高雄必訪美食景點」
> 10. 「高雄美食大揭秘：經典與創新的絕妙結合」
>
> 這些標題可以幫助您創建吸引人的部落格內容，讓讀者深入了解高雄的美食世界。

輸入問題：請以「夜市狂想曲：高雄夜市小吃全指南」這個標題，來寫一份 150 個字內的部落格文章。

> ZC：請以「夜市狂想曲：高雄夜市小吃全指南」這個標題，來寫一份150個字內的部落格文章。
>
> **夜市狂想曲：高雄夜市小吃全指南**
>
> 高雄，台灣的第三大城市，以它多姿多彩的夜市而聞名於世。夜市文化在這座城市中盛行，每當太陽西沉，霓虹燈光熠熠生輝，夜市攤位紛紛開張，為遊客和當地居民提供了美食和娛樂的絕佳場所。今天，我們將帶您深入高雄的夜市世界，介紹一些必嚐的小吃，讓您在夜市狂想曲中品味台灣的美食文化。
>
> 首先，別錯過蓮池潤餅，這是一種以薄脆的薄餅包裹著各種餡料的經典夜市小吃。您可以選擇豬肉、蝦仁或素食版本，再加上各種醬料，味道絕對美味。
>
> 接下來，不可錯過的是高雄夜市的現場炸物攤位。您可以品嚐到炸魚、炸蝦、炸雞排等各種美味的炸物，炸得酥脆，外皮金黃，內裡嫩滑，絕對是美食愛好者的最愛。
>
> 如果您喜歡辣味，那麼一定要嚐一嚐高雄夜市的麻辣火鍋。這是一種台灣特色的火鍋，湯底辣味濃郁，配以各種肉類和海鮮，絕對能滿足您的辣味渴望。
>
> 最後，別忘了品嚐高雄的冰品，特別是芒果冰和珍珠奶茶冰。這些冰品在夏天格外受歡迎，清涼又美味，是結束一個夜市之夜的完美方式。
>
> 高雄的夜市真的是美食的天堂，這只是其中一小部分精彩之處。無論您是當地居民還是遊客，夜市狂想曲絕對值得一試，讓您沉浸在美味和繽紛的夜市文化中。來高雄，盡情品味這個城市的經典夜市小吃吧！

　　社群上發佈貼文的目的當然是盡可能讓越多人看到越好，一張平凡的相片，如果搭配一則好文章，也能搖身一變成為魅力十足的貼文。如果品牌有經營 Facebook 或 IG 等社群，經常要寫貼文來做行銷，因為不會有人想追蹤一個沒有內容的粉專，貼文內容不僅是粉絲專頁進行網路行銷的關鍵，且可以說是最重要的關鍵！

　　這時 ChatGPT 就能幫助絞盡腦汁的小編，讓它完美化身成免費電商行銷專員，各位只要輸入正確店家名稱、文章關鍵字、活動主題、呈現的風格，如果還有特別需求，就會自動產生對應的文章，快速生成符合各種平台所需的貼文。

輸入問題：請幫忙寫出 " 油漆式速記法能幫助學生快速學好英文的榮欽科技臉書粉專貼文 "

ChatGPT 回答畫面

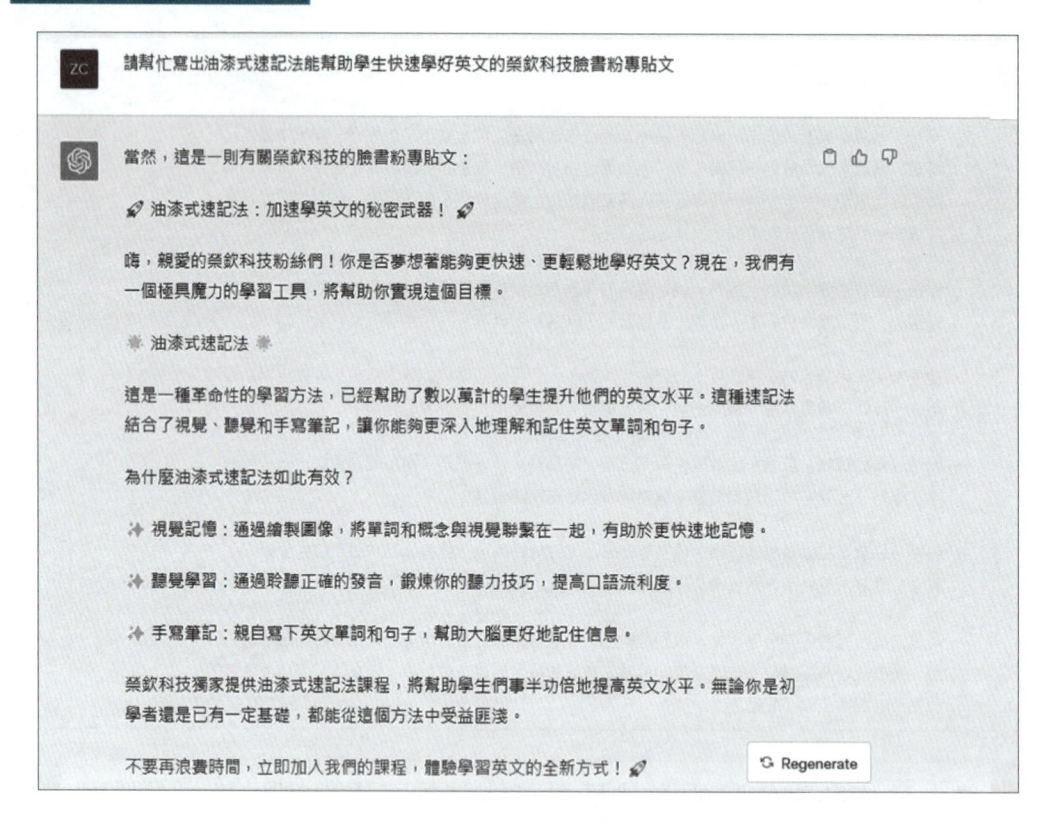

> 請幫忙寫出油漆式速記法能幫助學生快速學好英文的榮欽科技臉書粉專貼文
>
> 當然，這是一則有關榮欽科技的臉書粉專貼文：
>
> 🖌️ 油漆式速記法：加速學英文的秘密武器！ 🖌️
>
> 嗨，親愛的榮欽科技粉絲們！你是否夢想著能夠更快速、更輕鬆地學好英文？現在，我們有一個極具魔力的學習工具，將幫助你實現這個目標。
>
> ✦ 油漆式速記法 ✦
>
> 這是一種革命性的學習方法，已經幫助了數以萬計的學生提升他們的英文水平。這種速記法結合了視覺、聽覺和手寫筆記，讓你能夠更深入地理解和記住英文單詞和句子。
>
> 為什麼油漆式速記法如此有效？
>
> ✨ 視覺記憶：通過繪製圖像，將單詞和概念與視覺聯繫在一起，有助於更快速地記憶。
>
> ✨ 聽覺學習：通過聆聽正確的發音，鍛煉你的聽力技巧，提高口語流利度。
>
> ✨ 手寫筆記：親自寫下英文單詞和句子，幫助大腦更好地記住信息。
>
> 榮欽科技獨家提供油漆式速記法課程，將幫助學生們事半功倍地提高英文水平。無論你是初學者還是已有一定基礎，都能從這個方法中受益匪淺。
>
> 不要再浪費時間，立即加入我們的課程，體驗學習英文的全新方式！🖌️

▶ 8-5-3 發想產品特點、關鍵字與標題

　　以下將會介紹如何使用 ChatGPT 來協助您的行銷策略，例如在向客戶提案前需要先準備 6 個創意，可以先把一些關鍵字詞丟進 ChatGPT，團隊再從其中挑選合適的意見進行修改或增刪，最好記得需要人手再次編修校正，因為 ChatGPT 畢竟是 AI，生產出來的內容，沒辦法 100% 符合店家行銷思維的完整答案。本小節將介紹如何利用 ChatGPT 這一工具來挖掘產品賣點的關鍵字，推薦適合的行銷文案標題，並提供一些有用的技巧和建議。讓您的產品更加吸引眼球，促進銷售增長。

Chapter 8 ｜電子商務的發展與未來

1 行銷產品的摘要特點

ChatGPT 提問

數位新知雲端創新學院的摘要簡介與特點

ChatGPT 回答畫面

> 數位新知雲端創新學院的摘要簡介與特點
>
> 數位新知雲端創新學院（Digital New Knowledge Cloud Innovation Academy）是一個具有前瞻性的教育機構，致力於培養未來數位時代所需的專業人才。以下是該學院的摘要簡介與特點：
>
> **摘要簡介：**
>
> 數位新知雲端創新學院是一所專注於數位科技和創新的學術機構，擁有一流的師資陣容和最新的教學資源。我們的使命是培養具備跨領域知識和實踐經驗的專業人才，使他們能夠在數位經濟和科技創新領域中取得卓越成就。
>
> **特點：**
>
> 1. **跨學科教育：** 數位新知學院強調跨學科學習，學生可以從多個學科領域中選擇課程，從而培養多元化的技能和知識基礎。
> 2. **數位技術應用：** 學院致力於數位技術的應用，包括人工智慧、大數據、區塊鏈、物聯網等。學生將獲得實際經驗，掌握最新的數位工具和技術。
> 3. **實踐導向：** 我們鼓勵學生參與實際專案和實習，以將理論知識轉化為實際能力。學院與業界和創新機構建立緊密聯繫，為學生提供實習和職業機會。
> 4. **國際化教育：** 學院推崇國際化，提供多語言課程和國際交換計劃，讓學生有機會在全球範圍內擴展他們的視野和網絡。
> 5. **創業和創新：** 數位新知學院鼓勵創業和創新精神，提供創業培訓和資源，幫助學生開發和推動自己的創意項目。

2 找出賣點的關鍵字

ChatGPT 提問

請幫忙列出數位新知雲端創新學院摘要的五個重要關鍵字

ChatGPT 回答畫面

> 請幫忙列出數位新知雲端創新學院摘要的五個重要關鍵字
>
> 以下是數位新知雲端創新學院摘要的五個重要關鍵字：
>
> 1. 數位科技
> 2. 創新
> 3. 跨學科教育
> 4. 實踐導向
> 5. 國際化教育

187

3　推薦行銷文案標題

ChatGPT 提問

我想寫一篇行銷文案，請列出針對上述幾個重要關鍵字，列出 10 個行銷文案的標題

ChatGPT 回答畫面

> 我想寫一篇行銷文案,請列出針對上述幾個重要關鍵字,列出10個行銷文案的標題

當然，以下是針對數位新知雲端創新學院的行銷文案標題，每個標題都聚焦於不同的關鍵字：

1. 「掌握未來的關鍵：數位科技學府，數位新知雲端創新學院」
2. 「啟發創新思維：跨學科教育的奇蹟」
3. 「實踐出真知：數位新知學院的實踐導向教學」
4. 「超越國界：國際化教育之旅」
5. 「創業夢想起飛：數位新知學院的創業之路」
6. 「數位轉型的引領者：數位新知雲端創新學院」
7. 「永續未來的守護者：環境永續發展與數位技術」
8. 「解鎖數位寶藏：數位科技的新視野」
9. 「國際視野下的畢業之旅：數位新知學院國際交換計劃」
10. 「數位新知學院：塑造你的未來，創新是答案」

▶ 8-5-4 撰寫 Facebook 行銷文案

ChatGPT 提問

請針對 "數位新知雲端創新學院，提供各位資訊新知的微課程！" 這個標題寫一篇適合 Facebook 平台的網路行銷文案

字數：200 字以內
廣告目標：想要學習最新資訊新知的讀者
文案風格：專業與先進

ChatGPT 回答畫面

🚀 數位新知雲端創新學院，獻上最新的資訊新知微課程！🚀

親愛的資訊愛好者們，現在是提升你的知識庫和專業技能的絕佳機會！數位新知雲端創新學院引領你踏入資訊世界的未來。

🌐 我們的微課程亮點：

🔍 深度洞悉：由業界專家親自授課，揭示最新的資訊趨勢和關鍵洞見。

💡 實用技能：學會應用最先進的工具和技術，提升職場競爭力。

☀ 隨時隨地：無論你身在何處，我們的課程都可隨時取得，自由彈性。

📋 課程主題：

👉 人工智慧和機器學習
👉 大數據分析
👉 區塊鏈技術
👉 數位行銷趨勢
👉 資訊安全和隱私

不論你是專業人士、剛剛踏入職場，或是對資訊領域充滿好奇，我們的微課程都能滿足你的需求。

🚀 立即加入我們的資訊新知微課程，開啟未來之門！點擊了解更多資訊。👉

[連結到數位新知學院]

不要錯過這個提升自己的機會，讓數位新知助你走向成功之路！#資訊新知 #數位科技 #專業微課程 #數位新知學院

8-5-5 撰寫 IG 行銷文案

ChatGPT 提問

請利用 "數位新知雲端創新學院，提供各位 AI 新知的微課程！" 這個標題寫一篇適合 IG 平台的網路行銷文案

字數：200 字以內
廣告目標：吸引年輕上班族需要進修 AI 新知的客群
文案口吻：活潑、輕鬆、專業

ChatGPT 回答畫面

🚀 想要迎接AI新知的挑戰嗎？數位新知雲端創新學院為你打造AI微課程！🤖

在這個數位時代，AI技術正風靡全球。無論你是工作中的專業人士還是剛踏入職場的新鮮人，我們的AI微課程都能滿足你的需求，讓你在AI領域保持競爭優勢。

✨ 我們的AI微課程特色：

✨ 由業界專家親自授課，豐富的實務經驗助你深入了解AI。
✨ 互動式學習，輕鬆掌握AI技能，無需專業背景。
✨ 彈性學習時間，適合忙碌的生活節奏，讓你隨時隨地學習。

💧 立即報名我們的AI微課程，打開AI新知的大門！點擊下方瞭解更多資訊。 👉

[連結到數位新知學院]

不要讓機會從指尖溜走，一起加入我們，成為AI世界的專家！#AI新知 #專業微課程 #數位新知學院

8-5-6 發想促銷活動的專案企劃

請幫忙提供以推廣 " 數位新知雲端創新學院 " 的促銷活動的專案企劃，不超過 200 個字，活動期間一個月

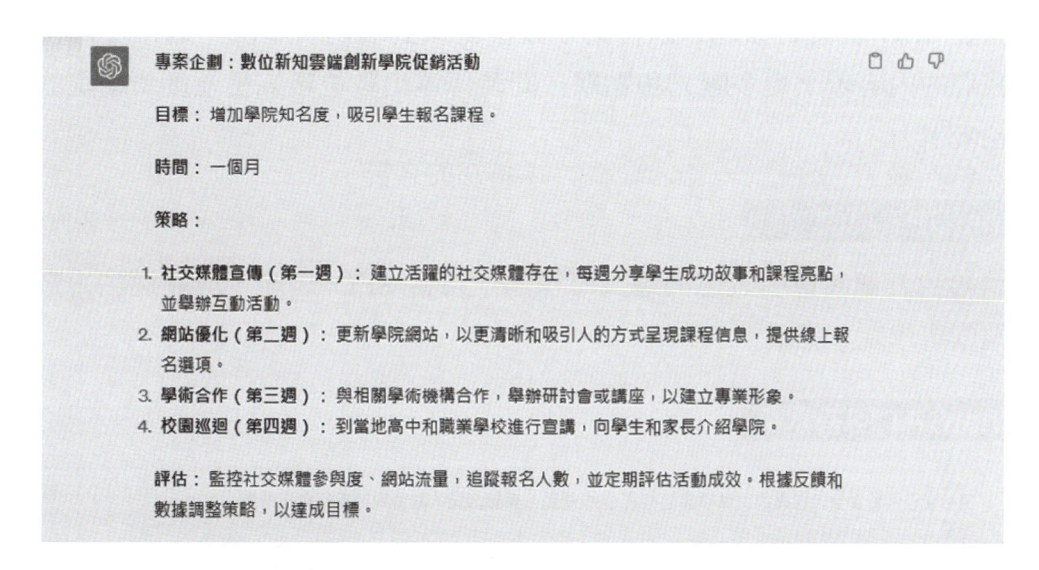

> 專案企劃：數位新知雲端創新學院促銷活動
>
> 目標：增加學院知名度，吸引學生報名課程。
>
> 時間：一個月
>
> 策略：
>
> 1. 社交媒體宣傳（第一週）：建立活躍的社交媒體存在，每週分享學生成功故事和課程亮點，並舉辦互動活動。
> 2. 網站優化（第二週）：更新學院網站，以更清晰和吸引人的方式呈現課程信息，提供線上報名選項。
> 3. 學術合作（第三週）：與相關學術機構合作，舉辦研討會或講座，以建立專業形象。
> 4. 校園巡迴（第四週）：到當地高中和職業學校進行宣講，向學生和家長介紹學院。
>
> 評估：監控社交媒體參與度、網站流量，追蹤報名人數，並定期評估活動成效。根據反饋和數據調整策略，以達成目標。

8-5-7 發想與建議產品描述

產品描述對於網路行銷業者來說非常重要，它直接會影響到消費者是否會下單購買商品，好的商品描述不僅可以有效提升消費者的消費期待，同時還可以撩撥消費者的購買慾望。

請幫忙提供 " 數位新知雲端創新學院 " 將推出的新課程 -「資料結構與演算法」的產品描述，特別用大量程式來示範說明，不超過 200 個字。

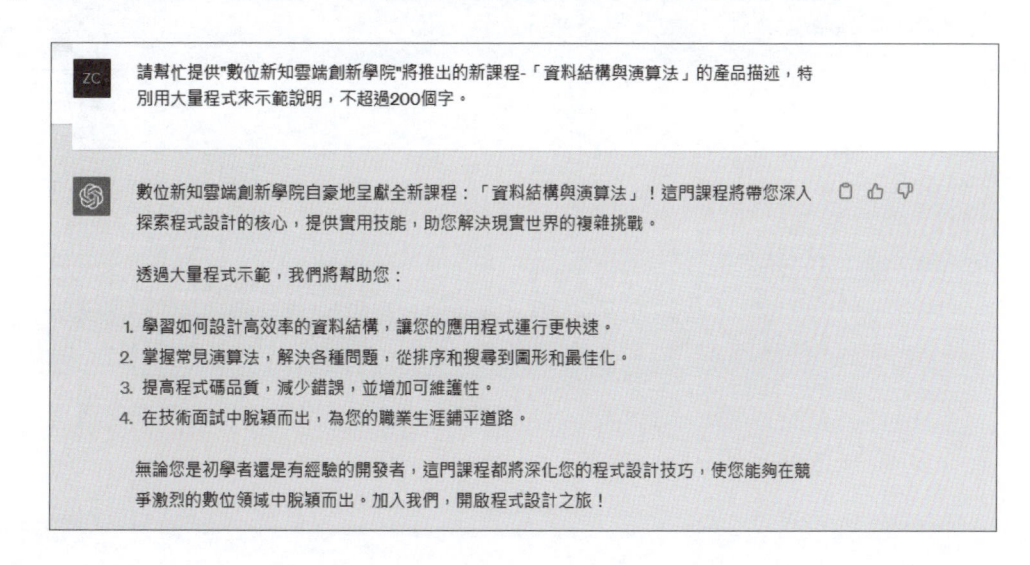

> ZC 請幫忙提供"數位新知雲端創新學院"將推出的新課程-「資料結構與演算法」的產品描述，特別用大量程式來示範說明，不超過200字。
>
> 數位新知雲端創新學院自豪地呈獻全新課程：「資料結構與演算法」！這門課程將帶您深入探索程式設計的核心，提供實用技能，助您解決現實世界的複雜挑戰。
>
> 透過大量程式示範，我們將幫助您：
>
> 1. 學習如何設計高效率的資料結構，讓您的應用程式運行更快速。
> 2. 掌握常見演算法，解決各種問題，從排序和搜尋到圖形和最佳化。
> 3. 提高程式碼品質，減少錯誤，並增加可維護性。
> 4. 在技術面試中脫穎而出，為您的職業生涯鋪平道路。
>
> 無論您是初學者還是有經驗的開發者，這門課程都將深化您的程式設計技巧，使您能夠在競爭激烈的數位領域中脫穎而出。加入我們，開啟程式設計之旅！

8-5-8 生成 SEO 的吸睛標題

對於 SEO 而言，標題的角色更為重要，因為會直接影響使用者對於網頁的第一印象，甚至是點擊與瀏覽的意願，以下讓就透過 ChatGPT 來生成一個吸引人且符合 SEO 規範的標題，以行銷「數位新知雲端創新學院」為例，期待標題將為我們的內容帶來更多曝光和點擊，同時傳達出數位新知雲端創新學院的獨特價值和吸引力。

ChatGPT 提問

請給我五個較會引人感興趣文章標題並符合 SEO 規範，與關鍵詞「數位新知雲端創新學院」相關

ChatGPT 回答畫面

> ZC　請給我五個較會引人感興趣文章標題並符合 SEO 規範，與關鍵詞「數位新知雲端創新學院」相關
>
> 當然，以下是五個符合 SEO 規範且與關鍵詞「數位新知雲端創新學院」相關的引人感興趣的文章標題：
>
> 1. 「數位新知雲端創新學院：開啟您的數位未來之門」
> 2. 「學習創新科技的最佳去處：數位新知雲端創新學院」
> 3. 「探索數位轉型趨勢：數位新知雲端創新學院的專家見解」
> 4. 「如何在數位時代取得競爭優勢？數位新知雲端創新學院的秘訣」
> 5. 「數位新知雲端創新學院的課程：為您的職業生涯注入新動力」
>
> 這些標題不僅可以吸引讀者的興趣，還可以提高您的網站在搜索引擎上的可見性，有助於吸引更多潛在學生和網站訪客。

Chapter 8 ◆ 重點整理

1. 行動商務（Mobile Business）可以看成是電子商務的延伸，連帶也使行動商務成為兵家必爭之地，越來越多消費者使用行動裝置購物，藉由人們日益需求行動通訊，而讓商業的活動從線上（Online）延伸到線下（Offline）生活。

2. 全通路（Omni-Channel）就是利用各種通路為顧客提供交易平台，「賣場」已不只是店面，而是在任何時間、地點都能進行購買行為的平台，並以消費者為中心的 24 小時營運模式，運用物聯網滿足顧客的需要。

3. 零售 4.0 時代是在「社群」與「行動載具」的迅速發展下，朝向行動裝置等多元銷售、支付和服務通路，消費者掌握了主導權，再無時空或地域國界限制，從虛實整合到朝向全通路，迎接以消費者為主導的無縫零售時代。

4. O2O 模式就是整合「線上（Online）」與「線下（Offline）」兩種不同平台所進行的一種行銷模式，也就是將網路上的購買或行銷活動帶到實體店面的模式。

5. 反向的 O2O 通路模式（Offline to Online），則是從實體通路（線下）連回線上，就是將傳統的 O2O 模式做法反過來，消費者可透過在線下實際體驗後，透過 QR code 或是行動終端連結等方式，引導消費者到線上消費，並且在線上平台完成購買並支付，達到充分利用消費者的自助性與節省企業的人工交易成本。

6. O2M 是線下（Offline）與線上（Online）和行動端（Mobile）進行互動，或稱為 OMO（Offline Mobile Online），也就是 Online（線上）To Mobile（行動端）和 Offline（線下）To Mobile（行動端）並在行動端完成交易，與 O2O 不同，O2M 更強調的是行動端，線上與線下將隨時相互匯流，打造線上 - 行動 - 線下三位一體的全通路模式。

7. 在維基百科的定義，大數據是指無法使用一般常用軟體在可容忍時間內進行擷取、管理及分析的大量資料。可以簡單解釋：大數據其實是巨大資料庫加上處理方法的一個總稱，是一套有助於企業組織大量蒐集、分析各種數據資料的解決方案。

8. 資料科學（Data Science）就是為企業組織解析大數據當中所蘊含的規律，就是研究從大量的結構性與非結構性資料中，透過資料科學分析其行為模式與關鍵影響因素，也就是在模擬決策模型，進而發掘隱藏在大數據資料背後的商機。

9. 智慧商務（Smarter Commerce）就是利用社群網路、行動應用、雲端運算、大數據、物聯網與人工智慧等技術，特別是應用領域不斷拓展的 AI，誕生與創造許多新的商業模式，透過多元平台的串接，可以更規模化、系統化地與客戶互動，讓企業的商務模式可以帶來更多智慧便利的想像，並且大幅提升電商服務水準與營業價值。

10. 機器學習（Machine Learning, ML）是大數據與 AI 發展相當重要的一環，是大數據分析的一種方法，透過演算法給予電腦大量的「訓練資料（Training Data）」，在大數據中找到規則，機器學習是大數據發展的下一個進程，可以發掘多資料元變動因素之間的關聯性，進而自動學習並且做出預測。

11. 深度學習（Deep Learning, DL）算是 AI 的一個分支，也可以看成是具有層次性的機器學習法，更將 AI 推向類似人類學習模式的優異發展。深度學習並不是研究者們憑空創造出來的運算技術，而是源自於類神經網路（Artificial Neural Network）模型，並且結合神經網路架構與大量的運算資源，目的在於讓機器建立與模擬人腦進行學習的神經網路，以解釋大數據中圖像、聲音和文字等多元資料。

12. 類神經網路就是模仿生物神經網路的數學模式，取材於人類大腦結構，使用大量簡單而相連的人工神經元（Neuron）來模擬生物神經細胞受特定程度刺激來反應刺激架構為基礎的研究，這些神經元將基於預先被賦予的權重，各自執行不同任務，只要訓練的歷程愈扎實，這個被電腦系統所預測的最終結果，接近事實真相的機率就會愈大。

13. 電腦科學家通常將人類的語言稱為自然語言 NL（Natural Language），比如說中文、英文、日文、韓文、泰文等，這也使得自然語言處理（Natural Language Processing, NLP）範圍非常廣泛，所謂 NLP 就是讓電腦擁有理解人類語言的能力，也就是一種藉由大量的文字資料搭配音訊數據，並透過複雜的數學聲學模型（Acoustic model）及演算法來讓機器去認知、理解、分類並運用人類日常語言的技術。

14. GPT 是生成型預訓練變換模型（Generative Pre-trained Transformer）的縮寫，是一種語言模型，可以執行非常複雜的任務，會根據輸入的問題自動生成答案，並具有編寫和除錯電腦程式的能力，如回覆問題、生成文章和程式碼，或者翻譯文章內容等。

15. ChatGPT 是透過分析來自網路的大量資訊來學習如何寫作，特別是對電商文案撰寫有極大幫助，可用於為品牌官網或社群媒體，成為眾多媒體創造聲量的武器，去產製更多優質內容、線上客服、智慧推薦、商品詢價等服務。

16. 對於 SEO 而言，標題的角色更為重要，因為會直接影響使用者對於網頁的第一印象，甚至是點擊與瀏覽的意願。

Chapter 8 ◆ 學習評量

一、選擇題

( ) 1. 下列何者是 ChatGPT 能做到的工作？
(A) 寫論文　(B) 寫劇本小說　(C) 寫程式　(D) 以上皆可

( ) 2. 目前 ChatGPT 是以下列哪一種語言提問，回應的速度最快，內容也較確完備？
(A) 繁體中文　(B) 日語　(C) 英文　(D) 簡體中文

( ) 3. 下列有關 ChatGPT 的功能敘述，何者<u>有誤</u>？
(A) 提問避免使用模糊的詞語或縮寫
(B) 回答內容正確度 100%
(C) 提問最好提供足夠的細節和上下文
(D) 可以免費註冊一個帳號

( ) 4. 下列何者較<u>不屬於</u> ChatGPT 在網路行銷的應用？
(A) 發想電子郵件與電子報
(B) 生成社群與部落格標題與貼文
(C) 發想產品特點、關鍵字與標題
(D) 寫網路爬蟲程式

( ) 5. 自然語言處理的英文縮寫為何？
(A) NLP　(B) NPL　(C) GPT　(D) NLAI

二、問答題

1. 試簡述離線商務模式（Online To Offline, O2O）與優點。

2. 試簡述零售 4.0 與全通路（Omni-Channel）的概念。

3. 試簡述大數據（Big Data）及其特性。

4. 何謂資料科學（Data Science）？

5. 試簡述人工智慧（Artificial Intelligence, AI）。

6. 試簡述 ChatGPT。

7. 何謂自然語言處理（Natural Language Processing, NLP）？

8. 試簡述聊天機器人（Chatbot）與生成型預訓練變換模型（Generative Pre-trained Transformer）。

9. 試簡述 ChatGPT 如何幫助行銷人員撰寫文案。

附錄

學習評量解答

Chapter 01　電子商務與 Web 發展

一、選擇題

1. (A)　2. (D)　3. (D)　4. (B)　5. (B)

二、問答題

1. 網路經濟是一種分散式的經濟，帶來與傳統經濟方式完全不同的改變，最重要的優點就是可以去除傳統中間化，降低市場交易成本，整個經濟體系的市場結構也出現了劇烈變化，這種現象讓自由市場更有效率地靈活運作。在傳統經濟時代，價值來自產品的稀少珍貴性，對於網路經濟所帶來的網路效應（Network Effect）而言，有一個很大的特性就是產品的價值取決於其總使用人數，透過網路無遠弗屆的特性，一旦使用者數目跨過門檻，也就是越多人有這個產品，那麼它的價值自然越高。

2. 1995 年的 10 月 2 日是 3Com 公司的創始人，電腦網路先驅羅伯特·梅特卡夫（B. Metcalfe）於專欄上提出網路的價值是和使用者的平方成正比，稱為「梅特卡夫定律」，是一種網路技術發展規律，也就是使用者越多，對原來的使用者而言，反而產生的效用會越大。

3. 電子商務（Electronic Commerce, EC）就是一種在網際網路上所進行的交易行為，等於「電子」加上「商務」，主要是將供應商、經銷商與零售商結合在一起，透過網際網路提供訂單、貨物及帳務的流動與管理。

4. 跨境電商（Cross-Border Ecommerce）是全新的一種國際電子商務貿易型態，也就是消費者和賣家在不同的關境（實施同一海關法規和關稅制度境域）交易主體，透過電子商務平台完成交易、支付結算與國際物流送貨、完成交易的一種國際商業活動，就像打破國境通路的圍籬，網路外銷全世界，讓消費者滑手機，就能直接購買全世界任何角落的商品。

5. 全球化交易市場、全年無休的營運模式、即時互動的溝通能力、網路與新科技的輔助、低成本的競爭優勢。

6. 由唐斯及梅振家所提出，結合「摩爾定律」與「梅特卡夫定律」的第二級效應，主要是指出社會、商業體制與架構以漸進的方式演進，但是科技卻以幾何級數發展，社會、商業體制都已不符合網路經濟時代的運作方式，遠遠落後於科技變化速度，當這兩者之間的鴻溝愈來愈擴大，使原來的科技、商業、社會、法律間的漸進式演化平衡被擾亂，因此產生所謂的失衡現象與鴻溝（Gap），就很可能產生革命性的創新與改變。

7. 所謂電子商務自貿區是發展跨境電子商務方向的專區，開放外資在區內經營電子商務，配合自貿區的通關便利優勢與提供便利及進口保稅、倉儲安排、物流服務等，並且設立有關跨境電商的服務平台，向消費者展示進口商品，進而大幅促進區域跨境電商發展與便利化的制度環境。

8. 雲端運算（Cloud Computing）已經被視為下一波電腦與網路科技的重要商機，或者可以看成將運算能力提供出來作為一種服務，只要使用者能透過網路登入遠端伺服器進行操作，透過網路就能使用運算資源，就可以稱為雲端運算。

9. 物聯網（Internet of Things, IOT）是近年資訊產業中一個非常熱門的議題，被認為是網際網路興起後足以改變世界的第三次資訊新浪潮，它的特性是將各種具有裝置感測設備的物品，例如 RFID、環境感測器、全球定位系統（GPS）雷射掃描器等裝置與網際網路結合起來而形成的一個巨大網路系統，並透過網路技術讓各種實體物件、自動化裝置彼此溝通和交換資訊，也就是透過網路把所有東西都連結在一起。

10. 無線射頻辨識技術（Radio Frequency IDentification, RFID）是一種自動無線識別數據獲取技術，可以利用射頻訊號以無線方式傳送及接收數據資料，例如在所出售的衣物貼上晶片標籤，透過 RFID 的辨識，可以進行衣服的管理，例如全球最大的連鎖通路商 Wal-Mart 要求上游供應商在貨品的包裝上裝置 RFID 標籤，以便隨時追蹤貨品在供應鏈上的即時資訊。

11. 比特幣是一種不依靠特定貨幣機構發行的全球通用加密電子貨幣，和線上遊戲虛擬貨幣相比，比特幣可說是這些虛擬貨幣的進階版，比特幣是透過特定演算法大量計算產生的一種 P2P 形式虛擬貨幣，它不僅是一種資產，還是一種支付的方式。

Chapter 02　電子商務經營模式與交易流程

一、選擇題

1. (D)　2. (B)　3. (C)　4. (B)　5. (D)　6. (C)

二、問答題

1. 企業對企業間（Business to Business，簡稱 B2B）的模式、企業對消費者間（Business to Customer，簡稱 B2C）的模式、消費者對消費者間（Customer to Customer，簡稱 C2C）模式及消費者對企業間（Customer to Business，簡稱 C2B）的模式

2. 入口網站（Portal）其實是最早以網路廣告模式與電子商務沾上邊，入口網站是進入 WWW 的首站或中心點，它讓所有類型的資訊能被所有使用者存取，提供各種豐富個別化的服務與導覽連結功能。

3. 隨著 C2C 通路模式不斷發展和完善，以 C2C 精神發展的「共享經濟」（The Sharing Economy）模式正在日漸成長，這樣的經濟體系是讓個人都有額外創造收入的可能，就是透過網路平台所有的產品、服務都能被大眾使用、分享與出租的概念，共享經濟的成功取決於建立互信，以合理的價格與他人共

享資源，同時讓閒置的商品和服務創造收益。例如類似計程車「共乘服務」（Ride-sharing Service）的 Uber 租車。

4. 整個電子商務的交易流程是由消費者、網路商店、金融單位與物流業者等四個單元組成。

5. 企業對政府模式（Business to Government, B2G）即企業與政府之間透過網路所進行的電子商務交易，透過資訊技術可以加速政府單位與企業之間的互動，提供一個便利的平台供雙方相互提供資訊流或是物流，包括政府採購、稅收、商檢、管理條例的發佈等。在電子化的處理中，可以節省舟車往返費用，並且加強行政效率。

6. 電子商務的本質是商務，商務的核心就是商流，「商流」是指交易作業的流通，或是市場上所謂的「交易活動」，是各項流通活動的主軸，代表資產所有權的轉移過程。

7. 電子交易市集（e-Marketplace）改變傳統商場的交易模式，透過網路與資訊科技輔助所形成的虛擬市集，本身是一個網路的交易平台，具有能匯集買主與供應商的功能。

8. 線上仲介商（Online Broker）主要在建立買賣雙方的交易平台，代表其客戶搜尋適當的交易對象，並協助其完成交易，藉以收取仲介費用，本身並不會提供商品，包括證券網路下單、線上購票等、人力仲介商、房屋仲介商、拍賣仲介商等。

Chapter 03　電子付款與交易安全機制

一、選擇題

1. (C)　2. (D)　3. (D)　4. (C)　5. (A)　6. (D)

二、問答題

1. 當消費者在網路上購買後會產生一組繳費代碼，只要取得代碼後，在超商完成繳費就可立即取得服務。

2. QR 碼（Quick Response Code）是由日本 Denso-Wave 公司發明的二維條碼，QR Code 不同於一維條碼皆以線條粗細來編碼，利用線條與方塊所結合而成的編碼，比以前的一維條碼有更大的資料儲存量，除了文字之外，還可以儲存圖片、記號等相關訊。

3. 所謂行動支付（Mobile Payment），就是指消費者透過手持式行動裝置對所消費的商品或服務進行帳務支付的一種方式，很多人以為行動支付就是用手機付款，其實手機只是一個媒介，平板電腦、智慧手錶，只要可以連網都可以拿來做為行動支付。就消費者而言，可以直接用行動裝置刷卡、轉帳，甚

至用來付費搭乘交通工具，提供快速收款及付款服務，讓你的手機即是錢包。

4. NFC 瞄準行動裝置市場，以 13.56MHz 頻率範圍運作，可讓行動裝置在 20 公分近距離內進行交易存取，目前以智慧型手機為主，因此成為行動交易、服務接收工具的最佳解決方案。

5. 條碼支付近來在世界各地掀起一陣旋風，各位不需要額外申請手機信用卡，同時支援 Android 系統、iOS 系統，也不需額外申請 SIM 卡，免綁定電信業者，只要下載 App 後，以手機號碼或 Email 註冊，接著綁定手邊信用卡或是現金儲值，手機出示付款條碼給店員掃描，即可完成付款，條碼行動支付現在最廣泛被用在便利商店。

6. 網路安全傳輸協定（Secure Socket Layer，SSL）於 1995 年間由網景（Netscape）公司所提出利用 RSA 公開金鑰的加密技術，是網頁伺服器和瀏覽器之間的一種 128 位元傳輸加密的安全機制，目前大部分的網頁伺服器或瀏覽器，都能夠支援 SSL 安全機制，目前最新的版本為 SSL 3.0。

7. 電子錢包（Electronic Wallet）是一種符合安全電子交易的電腦軟體，就是你在網路上購買東西時，可直接用電子錢包付錢，而不會看到個人資料，將可有效解決網路購物的安全問題。有了電子錢包之後，在特約商店的電腦上，只能看到消費者選購物品的資訊，就不用再擔心信用資料可能外洩的問題。

8. SET 與 SSL 的最大差異是在於消費者與網路商家再進行交易前必須先行向「認證中心」（Certificate Authority, CA）取得「數位憑證」（Digital Certificate），才能經由線上加密方式來進行交易。

9. 虛擬信用卡是一種由發卡銀行提供消費者一組十六碼卡號與有效期做為網路消費的支付工具，僅能在網路商城中購物，無法拿到實體店家消費，與實體信用卡最大的差別就在於發卡銀行會承擔被冒用的風險，信用額度較低，只有 2 萬元上限。

10. 「電子錢包」是一種 SET 安全交易機制的實際應用。消費者在網路購物前必須先安裝電子錢包軟體，才能進行交易。除了能夠確認消費者與商家的身分，以及將傳輸的資料加密外，它還能記錄與儲存交易的內容，以做為日後查詢，而且也沒有在線上刷卡時，可能洩露個人資料的顧慮。

Chapter 04　企業電子化與知識管理

一、選擇題

1. (D)　2. (B)　3. (B)　4. (B)　5. (D)

二、問答題

1. 企業電子化的目標在於提升企業運作效益與擴展商機，包括從內部文件處理

擴張到交易夥伴之間的訊息交換，以達到企業內部資源運用更加有效及透明化，更涵蓋了改造企業或其上下游商業夥伴間的供應鏈運作與流程，對於整體產業發展將會產生良好互動與影響，進而提高顧客服務品質。

2. 企業內部網路（Intranet）則是指企業體內的 Internet，服務對象原則上是企業內部員工，而以聯繫企業內部工作群體為主，達到良好溝通的目的。「商際網路」（Extranet）則是為企業上、下游各相關策略聯盟企業間整合所構成的網路，以便客戶、供應商、經銷商及其它公司，可以存取企業網路的資源。

3. 企業資源規劃（Enterprise Resource Planning, ERP）是一個企業資訊系統，能提供整個企業的營運資料，可以將企業行為用資訊化的方法來規劃管理，並提供企業流程所需的各項功能，配合企業營運目標，將企業各項資源整合，以提供即時而正確的資訊，並將合適的資源分配到所需部門手上。

4. 所謂供應鏈（Supply Chain），就是產品從製造端到消費端的過程，包含原物料取得、製造、倉儲與配送等，範圍包括上游供應商、製造商到下游分銷商、零售商，以及最終消費者等成員。

5. 供應鏈管理（SCM）是一個企業與其上下游的相關業者所構成的整合性系統，包含從原料流動到產品送達最終消費者手中的整條鏈上的每一個組織與組織中的所有成員，形成一個層級間環環相扣的連結關係，為的就是在一個令顧客滿意的服務水準下，使得整體系統成本最小化。

6. 顧客關係管理（CRM）是由 Brian Spengler 在 1999 年提出，最早開始發展顧客關係管理的國家是美國。CRM 的定義是指企業運用完整的資源，以客戶為中心的目標，讓企業具備更完善的客戶交流能力，透過所有管道與顧客互動，並提供適當的服務給顧客。

7. 關係行銷（Relationship Marketing）是以一種建構在「彼此有利」為基礎的觀念，強調銷售是關係的開始，而非交易的結束，發展出了解顧客需求，而進行顧客服務，以建立並維持與個別顧客的關係，創造顧客最高滿意度與貢獻度的行銷模式，謀求雙方互惠的利益。

8. 在供應鏈環境下，會發生供應鏈成員訂購產品數量隨著供應鏈層級提升而放大的現象。也就是把整個供應鏈比喻做一條鞭子，整個供應鏈從顧客到生產者之間，當需求資訊變得模糊而造成誤差時，隨著供應鏈越拉越長，波動幅度愈大，這種波動最終會造成上游的訂貨量及存貨量相當大的積壓，而且越往上游的供應商情形是越嚴重，尤其在傳統全球通路中，越往上游走，訂單變異越大。

9. Michael Polanyi 是最早於 1966 年將知識區分為內隱知識（Tacit Knowledge）與外顯知識（Explicit Knowledge）。

Chapter 05　電商網站設計入門

一、選擇題
1. (A)　2. (B)　3. (B)　4. (A)　5. (D)

二、問答題

1. 網站製作完成後，首要工作就是幫網站找個家，即是俗稱的「網頁空間」。常見的架站方式主要有虛擬主機、主機代管與自行架設等三種方式。

2. 虛擬主機（Virtual Hosting）是網路業者將一台伺服器分割模擬成為很多台的「虛擬」主機，讓很多個客戶共同分享使用，平均分攤成本，也就是請網路業者代管網站的意思，對使用者來說，就可以省去架設及管理主機的麻煩。

    優點：可節省主機架設與維護的成本、不必擔心網路安全問題，可使用自己的網域名稱（Domain Name）。

    缺點：有些 ISP 業者會有網路流量及頻寬限制，隨著主機系統不同能支援的功能也不盡相同。

3. CSS 的全名是 Cascading Style Sheets，一般稱之為串聯式樣式表，其作用主要是為了加強網頁上的排版效果（圖層也是 CSS 的應用之一），可以用來定義 HTML 網頁上物件的大小、顏色、位置與間距，甚至是為文字、圖片加上陰影等功能。

4. OsCommerce 是 Open Source e-Commerce 的簡稱，也是目前全球使用量最大的免費電子商店軟體，遵循 GUN GPL 授權原則與開放原始碼的套件，並允許任何人自由下載、傳播與修改，還具有直覺式操作與商品分類清楚好搜尋的優點，顧客上網瀏覽如同光臨實體面一般，看到喜歡的商品還可以直接放進購物車。

5. 「網站主題」是指網站的內容及主題訴求，由於網站規模可大可小，例如較大商務網站可能包含數個產品主題，建議各位在開始時，最好先以一個產品主題為限，然後再慢慢擴增，結合其他主題而成為較有規模的網站，這樣做起來會比較得心應手。

6. 網路上每則廣告都需要指定最終到達的網頁，到達頁（Landing Page）就是使用者按下廣告後到直接到達的網頁，到達頁和首頁最大的不同，就是到達頁只有一個頁面就要完成讓訪客馬上吸睛的任務，通常這個頁面是以誘人的文案請求訪客完成購買或登記。

Chapter 06　網路與社群行銷實務

一、選擇題

1. (D)　2. (D)　3. (B)　4. (D)　5. (A)　6. (A)

二、問答題

1. 網路行銷就是藉由行銷人員將創意、商品及服務等構想，利用通訊科技、廣告促銷、公關及活動方式在網路上執行。簡單的說，就是指透過電腦及網路設備來連接網際網路，並且在網際網路上從事商品銷售的行為。

2. 美國行銷學家溫德爾・史密斯（Wended Smith）在 1956 年提出的 S-T-P 的概念，STP 理論中的 S、T、P 分別是市場區隔（Segmentation）、目標市場目標（Targeting）和市場定位（Positioning）。

3. 行銷組合的 4P 理論是指行銷活動的四大單元，包括產品（Product）、價格（Price）、通路（Place）與促銷（Promotion），也就是選擇產品、訂定價格、考慮通路與進行促銷。

4. Widget 是一種桌面的小工具，可以在電腦或手機桌面上獨立執行，消費者只要下載自己所需要的 Widget，隨時用文字、影片送上最新訊息，可查詢氣象、電影、新聞、消費等生活資訊，Widget 就會主動更新訊息，不需要另外開啟瀏覽器，已經成為許多人日常生活中的好伙伴。

5. 病毒式行銷（Viral Marketing）主要的方式並不是設計出電腦病毒讓造成主機癱瘓，也並不等於「電子郵件行銷」。它是利用一個真實事件，以「奇文共欣賞」的分享給周遭朋友，透過人與人之間的口語傳播，並且一傳十、十傳百地快速轉寄這些精心設計的商業訊息。

6. 彈出式廣告（Pop-Up Ads）或稱為插播式（Interstitial）廣告，當網友點選連結進入網頁時，會彈跳出另一個子視窗來播放廣告訊息，強迫使用者接受，並連結到廣告主網站。這種廣告往往會打斷消費者的瀏覽行為，容易產生反感，且因過度氾濫，多數瀏覽器已有阻止彈出式視窗的功能，妨止這類型廣告的出現。

7. 電子報行銷（Email Direct Marketing）也是一個主動出擊的網路廣告戰術，多半是由使用者訂閱，再經由信件或網頁的方式來呈現行銷訴求，而成效則取決於電子報的設計和內容規劃。

8. 關鍵字行銷起源於關鍵字搜尋，由於入口網站的搜尋服務，加上網路的普及和便利，讓關鍵字搜尋的數量大幅增加。也就是說，關鍵字廣告可以讓您的網站資訊，曝光在各大網站搜尋結果最顯著的位置，因為每一個關鍵字的背後可能都代表一個購買的動機。

9. 目標關鍵字（Target Keyword）就是網站確定的主打關鍵字，也就是網站

上目標使用者搜索量相對最大與最熱門的關鍵字，會為網站帶來大多數的流量，並在搜尋引擎中獲得排名的關鍵字。

10. 搜尋引擎最佳化（SEO）也稱作搜尋引擎優化，是近年來相當熱門的網路行銷方式，就是一種讓網站在搜尋引擎中取得 SERP 排名優先方式，終極目標就是要讓網站的 SERP 排名能夠到達第一。

11. 搜尋引擎結果頁（Search Engine Results Page, SERP）是使用關鍵字，經搜尋引擎根據內部網頁資料庫查詢後，所呈現給使用者的自然搜尋結果的清單頁面，SERP 的排名是越前面越好。

12. 只要在字句前加上 #，便形成一個標籤，用以搜尋主題。Hashtag（主題標籤）是目前社群網路上相當流行的行銷工具，不但已經成為品牌行銷重要一環，可以利用時下熱門的關鍵字，並以 Hashtag 方式提高曝光率，使用者可以在貼文裡加上別人會聯想到自己的主題標籤，透過標籤功能，所有用戶都可以搜尋到你的貼文。

Chapter 07　電子商務安全與法律相關議題

一、選擇題

1. (A)　2. (D)　3. (B)　4. (A)　5. (B)　6. (D)

二、問答題

1. Cookie 是一種小型文字檔，當我們在瀏覽網頁或存取網站上的資料時，可能輸入一些有關姓名、帳號、密碼、E-mail 等個人資訊，並儲存於該網站中。此時瀏覽器會很貼心的，把您這些資訊記錄在您電腦中的「C:\Documents and Settings \ 使用者名稱 \Cookies」的資料夾中，並以純文字檔得模式儲存。

2. 關於不實廣告的規定，主要在消保法及公平法中，在消保法第二十二條、第二十三條及公平交易法的第二十一條均有相關規定，這也是強調資訊精確性的重要。

3. 駭客是一種專精於作業系統研究與設計的人士，他們充份清楚系統的漏洞，至於侵入電腦的真正目的只是為了證實該系統防護的缺陷，通常駭客是藉由 Internet 侵入對方主機，接著可能偷窺個人私密資料、毀壞網路、更改或刪除檔案、上傳或下載重要程式攻擊 DNS 等。

4. 因為用戶個人手機會不斷地與附近基地台進行訊號聯絡，才能在移動過程中接收來電或簡訊，因此相關個人位址資訊無可避免的會暴露在電信業者手中。例如手機業者如果主動發送廣告資訊，會涉及用戶是否願意接收手機上傳遞的廣告與是否願意暴露自身位置，或者個人定位資訊若洩露給第三人作為商業利用，也造成隱私權侵害將會被擴大。

5. 創用 CC 授權的主要精神是來自於善意換取善意的良性循環，不僅不會減少對著作人的保護，同時也讓使用者在特定條件下能自由使用這些作品，這種方式讓大眾共享智慧成果，並激發出更多的創作理念。

6. 電子簽章法的目的就是希望透過賦予電子文件和電子簽章法律效力，建立可信賴的網路交易環境，使大眾能夠於網路交易時安心，還希望確保資訊在網路傳輸過程中不易遭到偽造、竄改或竊取，並能確認交易對象真正身分，並防止事後否認已完成交易之事實。

7. 網域名稱（Domain Name）是以一組英文縮寫來代表以數字為主的 IP 位址，例如榮欽科技的網域名稱是 www.zct.com.tw。由於「網域名稱」採取「先申請先使用」之原則，許多企業因為早期尚未意識到網域名稱的重要性，導致無法以自身之商標或公司名稱作為網域名稱，近年來網路出現一群搶先一步登記知名企業網域名稱的「域名搶註者」（Cybersquatter），俗稱為「網路蟑螂」，讓網域名稱爭議與搶註糾紛越來越多。

Chapter 08　電子商務的發展與未來

一、選擇題
1. (D)　2. (C)　3. (B)　4. (D)　5. (A)

二、問答題

1. 離線商務模式（Online To Offline, O2O）就是整合「線上（Online）」與「線下（Offline）」兩種不同平台所進行的一種行銷模式，因為消費者也能「Always Online」，讓線上與線下能快速接軌，透過改善線上消費流程，直接帶動線下消費，不但可以直接在網路上付費，也能在實體商店中享受服務或取得商品，不但增加了顧客回流率，也獲得產品及品牌再度曝光的機會。

2. 零售 4.0 是一種洞悉消費者心態與新興科技結合的零售業革命，消費者掌握主導權，再無時空或地域國界限制，從虛實整合到朝向全通路（Omni-Channel），迎接以消費者為主導的無縫零售時代。全通路則是零售業者利用各種通路為顧客提供交易平台，並且消除各個通路間的壁壘，包括在實體和數位商店之間的無縫轉換，去真正滿足消費者的需要，提供更客製化的行銷服務，不管是透過線上或線下都能達到最佳的消費體驗。

3. 大數據（Big Data）又稱大資料、大數據、海量資料，由 IBM 於 2010 年提出，是指在一定時效（Velocity）內進行大量（Volume）且多元性（Variety）資料的取得、分析、處理、保存等動作。

4. 資料科學（Data Science）就是為企業組織解析大數據當中所蘊含的規律，就是研究從大量的結構性與非結構性資料中，透過資料科學分析其行為模式

與關鍵影響因素，也就是在模擬決策模型，進而發掘隱藏在大數據資料背後的商機。

5. 人工智慧（Artificial Intelligence, AI）的概念最早是由美國科學家 John McCarthy 於 1955 年提出，目標為使電腦具有類似人類學習解決複雜問題與展現思考等能力，舉凡模擬人類的聽、說、讀、寫、看、動作等的電腦技術，都被歸類為人工智慧的可能範圍。簡單地說，人工智慧就是由電腦所模擬或執行，具有類似人類智慧或思考的行為，例如推理、規畫、問題解決及學習等能力。

6. ChatGPT 是由 OpenAI 公司開發的最新版本，由於 ChatGPT 基於開放式網路的大量資訊進行訓練，使其能夠產生高度精確、自然流暢的對話回應，與人進行互動。例如 ChatGPT 能和人類以一般人的對話方式與使用者互動，例如提供建議、寫作輔助、寫程式、寫文章、寫信、寫論文、劇本小說等。

7. 自然語言處理（Natural Language Processing, NLP）範圍非常廣泛，所謂 NLP 就是讓電腦擁有理解人類語言的能力，也就是一種藉由大量的文字資料搭配音訊資訊，並透過複雜的數學聲學模型（Acoustic model）及演算法來讓機器去認知、理解、分類並運用人類日常語言的技術。

8. 聊天機器人（Chatbot）背後的核心技術即是以自然語言處理中的一種模型（Generative Pre-Trained Transformer, GPT）為主，利用電腦模擬與使用者互動對話，算是由對話或文字進行交談的電腦程式。GPT 是生成型預訓練變換模型（Generative Pre-trained Transformer）的縮寫，是一種語言模型，可以執行非常複雜的任務，會根據輸入的問題自動生成答案，並具有編寫和除錯電腦程式的能力，如回覆問題、生成文章和程式碼，或者翻譯文章內容等。

9. ChatGPT 確實可以幫助行銷人員快速產生各種文案，網路行銷人員只需想好產品賣點及顧客痛點等，該如何寫出一篇好閱讀的文章或是產品文案，就讓 AI 搞定即可，大幅縮短數位行銷人員要花相當多時間發想文案並撰寫的陣痛期。

MCT
Metaverse and Communication Technology Certification
元宇宙與計算機綜合應用國際認證

📄 MCT 認證 簡介

在技術不斷進步的現代社會中，對於掌握數位新趨勢的人才需求與日俱增。元宇宙與計算機綜合應用國際認證為學習者提供了一個涵蓋計算機基礎、資訊科技以及虛擬實境（VR）、擴增實境（AR）、區塊鏈、人工智慧等元宇宙的學習體系。此認證的目標是培育能夠理解並應用這些關鍵知識與技術的專業人才，以適應不斷變化的數位工作環境，並在職業生涯中追求進步和創新。

Metaverse Communication Technology

MCT 證書樣式

📄 MCT 認證 考試說明

科目	等級	題數	測驗時間	題型	滿分	通過分數	評分方式
MCC 元宇宙綜合能力 Metaverse Comprehensive Capability	Specialist	40 題	30 分鐘	是非題、單選題	1000 分	700 分	即測即評
MCC 元宇宙綜合能力 Metaverse Comprehensive Capability	Expert	50 題	40 分鐘	是非題、單選題	1000 分	700 分	即測即評
NFA 網路原理與應用 Network Fundamentals and Applications	Specialist	50 題	40 分鐘	單選題	1000 分	700 分	即測即評
ECFA 電子商務概論與應用 Electronic Commerce Fundamentals and Applications	Specialist	50 題	40 分鐘	單選題	1000 分	700 分	即測即評
OMFA 網路行銷概論與應用 Online Marketing Fundamentals and Applications	Specialist	50 題	40 分鐘	單選題	1000 分	700 分	即測即評

📄 MCT 認證 考試大綱

科目	等級	考試大綱
MCC 元宇宙綜合能力	Specialist	• Future Technology and Applications 未來科技技術與應用 • Introduction to the Metaverse 元宇宙簡介 • Web 3.0 Fundamentals • Introduction to Augmented Reality (AR) Technology 實境技術簡介 • Augmented Reality (AR) Technology Hardware Equipment 實境技術硬體設備
MCC 元宇宙綜合能力	Expert	• Future Technology and Applications 未來科技技術與應用 • Introduction to the Metaverse 元宇宙簡介 • Web 3.0 Fundamentals • Introduction to Augmented Reality (AR) Technology 實境技術簡介 • Augmented Reality (AR) Technology Hardware Equipment 實境技術硬體設備 • Blockchain Fundamentals and Cryptography 區塊鏈原理與密碼學 • Blockchain Applications and Non-Fungible Tokens (NFTs) 區塊鏈應用與 NFT • Introduction to Artificial Intelligence 人工智慧簡介 • Artificial Intelligence Data Analysis and Applications 人工智慧資料分析與應用 • Digital Twin Fundamentals and Applications 數位分身原理與應用

勤圓科教 www.jyic.net

諮詢專線：02-2908-5945 或洽轄區業務
歡迎辦理師資研習課程

NFA 網路原理與應用	Specialist	• Principles of Computer Networks 電腦網路原理 • Computer Network Architecture 電腦網路架構 • Computer Network Applications 電腦網路應用 • Computer Software and Hardware Maintenance and Security Protection 電腦軟硬體維護與安全防護 • Encryption Technology and Network Attacks 加密技術與網路攻擊
ECFA 電子商務概論與應用	Specialist	• E-Commerce and Web Development 電子商務與 Web 發展 • E-Commerce Business Models and Transaction Processes 電子商務經營模式與交易流程 • Electronic Payments and Transaction Security Mechanisms 電子付款與交易安全機制 • Enterprise Digitalization and Knowledge Management 企業電子化與知識管理 • Introduction to E-Commerce Website Design 電商網站設計入門 • Practical Applications of Online and Social Media Marketing 網路與社群行銷實務 • E-Commerce Security and Legal Issues 電子商務安全與法律相關議題 • The Future of E-Commerce Development 電子商務的發展與未來
OMFA 網路行銷概論與應用	Specialist	• E-Commerce and Innovative Technology 電子商務與創新科技 • Introduction to Online Marketing 網路行銷導論 • Introduction to Mobile Marketing and Applications 行動行銷入門與應用 • Common Online Marketing Tools 常用網路行銷工具 • The Development of Online Marketing and Social Media Marketing 網路行銷的發展與社群行銷 • Dual Applications of Online Marketing and ChatGPT 網路行銷與 ChatGPT 的雙效應用

MCT 認證 推薦教材

產品編號	產品名稱	級別	建議售價	備註
SV00023a	MCT 元宇宙與計算機綜合應用國際認證 -MCC 元宇宙綜合能力 電子試卷	Specialist	$1200	考生可自行線上下載證書副本，如有紙本證書的需求，亦可另外付費申請 紙本證書費用 $600
SV00024a		Expert	$2000	
SV00100a	MCT 元宇宙與計算機綜合應用國際認證 -NFA 網路原理與應用 電子試卷	Specialist	$1200	
SV00101a	MCT 元宇宙與計算機綜合應用國際認證 -ECFA 電子商務概論與應用 電子試卷	Specialist	$1200	
SV00102a	MCT 元宇宙與計算機綜合應用國際認證 -OMFA 網路行銷概論與應用 電子試卷	Specialist	$1200	

MCT 認證 推薦教材

元宇宙與計算機概論：Web 3.0 x 人工智慧 x 區塊鏈 x VR/AR x 數位分身 x 虛擬展廳含 MCT 元宇宙應用國際認證 - Metaverse Comprehensive Capability （Specialist Level、Expert Level） - 最新版 - 附 MOSME 行動學習一點通：評量・詳解・擴增
書號：PB352
作者：盧希鵬 主編　蕭國倫 李啟龍 陳鴻仁 姜琇森 著
建議售價：$680

最新電腦網路概論與實務 - 含 MCT 國際認證：網路原理與應用 （Specialist Level） - 附贈 MOSME 行動學習一點通 - 最新版（第二版）
書號：PB504
作者：李保宜 著
建議售價：$400

※ 以上價格僅供參考　依實際報價為準

勁園科教 www.jyic.net　｜　諮詢專線：02-2908-5945 或洽轄區業務
歡迎辦理師資研習課程

書　　　名	人人必學 電子商務實務與ChatGPT應用 含MCT國際認證：電子商務概論與應用(Specialist Level)		
書　　　號	PB39501	國家圖書館出版品預行編目資料	
版　　　次	2024年7月初版 2025年8月二版	人人必學 電子商務實務與ChatGPT應用 含MCT國際認證：電子商務概論與應用(Specialist Level) ／勁樺科技 －－二版．－－新北市：台科大圖書, 2025. 8 　面；　公分 ISBN 978-262-391-617-3（平裝） 1. CST：電子商務　2. CST：人工智慧 490.29　　　　　　　　　　　114011284	
編 著 者	勁樺科技		
責 任 編 輯	郭瀞文		
校 對 次 數	6次		
版 面 構 成	顏彣倩		
封 面 設 計	顏彣倩		
出 版 者	台科大圖書股份有限公司		
門 市 地 址	24257新北市新莊區中正路649-8號8樓		
電　　　話	02-2908-0313		
傳　　　真	02-2908-0112		
網　　　址	tkdbook.jyic.net		
電 子 郵 件	service@jyic.net		

版權宣告

有著作權　侵害必究

本書受著作權法保護。未經本公司事前書面授權，不得以任何方式（包括儲存於資料庫或任何存取系統內）作全部或局部之翻印、仿製或轉載。

書內圖片、資料的來源已盡查明之責，若有疏漏致著作權遭侵犯，我們在此致歉，並請有關人士致函本公司，我們將作出適當的修訂和安排。

郵 購 帳 號	19133960
戶　　　名	台科大圖書股份有限公司
	※郵撥訂購未滿1500元者，請付郵資，本島地區100元／外島地區200元
客 服 專 線	0800-000-599
網 路 購 書	勁園科教旗艦店　蝦皮商城　　博客來網路書店　台科大圖書專區　　勁園商城
各服務中心	總　公　司　02-2908-5945　　台中服務中心　04-2263-5882 台北服務中心　02-2908-5945　　高雄服務中心　07-555-7947

線上讀者回函
歡迎給予鼓勵及建議
tkdbook.jyic.net/PB39501